目次

／ …… 学習日を記入しよう

□ …… 理解度を記入しよう
　　　○　よく理解できた
　　　△　理解できた
　　　×　少ししか理解できなかった

中学の復習

🎓 重要事項マスター

▶ 生物の分類

生物を似た特徴をもつグループに分けて整理することを生物の(^{1}　　　　　)という。

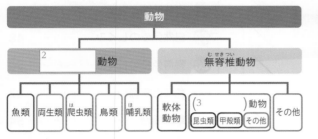

▶ 植物のからだのつくりとはたらき

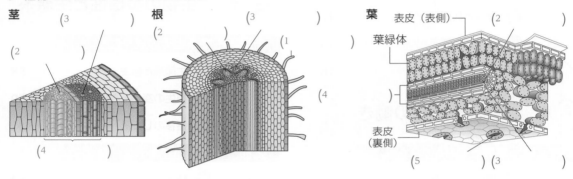

- (^{1}　　　　　)…水や養分を効率よく吸収する細い根。
- (^{2}　　　　　)…根から吸収した水や，水に溶けた養分をからだ全体に運ぶ通路。
- (^{3}　　　　　)…葉でつくられた養分を運ぶ通路。
- (^{4}　　　　　)…(^{2}　　　　　)と(^{3}　　　　　)が集まった束。
- (^{5}　　　　　)…葉の表皮にある三日月形の細胞に囲まれたすきま。葉の裏側に多くみられる。

▶ 遺伝と遺伝子

- (^{1}　　　　　)…生物がもつ形や性質などの特徴。
- (^{2}　　　　　)…親の(^{1}　　　　　)が子や孫に伝わること。
- (^{3}　　　　　)…1個の細胞が2つに分かれて2個の細胞になること。
- (^{4}　　　　　)…(^{3}　　　　　)のときにみられるひも状のもの。
- (^{5}　　　　　)…(^{4}　　　　　)にある，生物の(^{1}　　　　　)を決めるもの。
- (^{6}　　　　　)…(^{5}　　　　　)の本体である物質。
- (^{7}　　　　　)…生物が子をつくること。
- (^{8}　　　　　)…(^{7}　　　　　)のためにつくられる，卵細胞や精細胞などの特別な細胞。
- (^{9}　　　　　)…(^{8}　　　　　)がつくられるときに行われる特別な(^{3}　　　　　)。
- (^{10}　　　　　)…からだをつくる細胞が分裂する(^{3}　　　　　)。

▶ 光学顕微鏡の各部の名称と働き

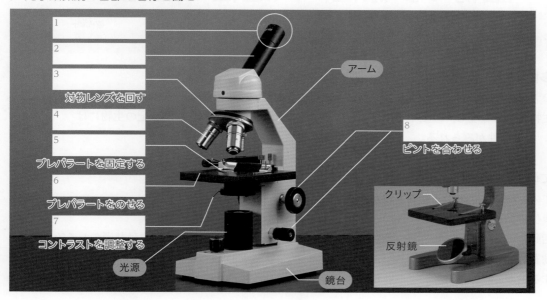

1	
2	
3 対物レンズを回す	アーム
4	
5 プレパラートを固定する	8 ピントを合わせる
6 プレパラートをのせる	クリップ
7 コントラストを調整する	反射鏡
光源	鏡台

▶ 光学顕微鏡の操作手順

① 顕微鏡を直接(^{1})のあたらない明るい場所に置く。(^{2} 高・低)倍率にし，光源の光量や反射鏡を調節して視野を明るくする。

② 観察対象が中央にくるようにプレパラートを(^{3})にのせ，(^{4})でとめる。

③ 横からみながら(^{5})を回し，(^{6})とプレパラートを(^{7} 近づ・遠ざ)ける。

④ (^{8})をのぞきながら(^{5})を回し，プレパラートと(^{6})を
（^{9} 近づ・遠ざ ）けながらピントを合わせる。

⑤ プレパラートを動かして，観察対象を視野の中央にもってくる。(^{10})を調節してみやすい明るさにする。プレパラートを動かす方向と観察像が動く方向は逆になる。

⑥ より詳細に観察したいときは，(^{5})はそのままで，(^{11})を回して（^{12} 高・低 ）倍率の(^{6})にする。必要に応じて(^{5})でピントを微調整する。

📖 Reference　　ミクロメーターによる大きさの測定

ミクロメーターを用いることで，観察対象の大きさを測定することができる。ミクロメーターには，接眼ミクロメーターと対物ミクロメーターがある。

① 接眼レンズに接眼ミクロメーターを入れる。

② 対物ミクロメーターをステージにのせる。

③ 対物ミクロメーターの目盛りにピントを合わせる。

④ 両者の目盛りを平行にし，目盛りが重なる2点をさがす。

⑤ 次の式から接眼ミクロメーター1目盛りの長さ(x)を求める。

$$x[\mu m]=\frac{対物ミクロメーターの目盛り数×10}{接眼ミクロメーターの目盛り数}$$

⑥ 対物ミクロメーターをはずし，試料を検鏡して，目盛りの数から観察対象の大きさを求める。

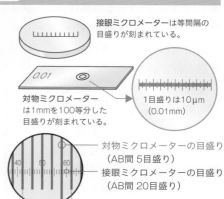

接眼ミクロメーターは等間隔の目盛りが刻まれている。

対物ミクロメーターは1mmを100等分した目盛りが刻まれている。

0.01

1目盛りは10μm（0.01mm）

対物ミクロメーターの目盛り（AB間 5目盛り）
接眼ミクロメーターの目盛り（AB間 20目盛り）

接眼ミクロメーター1目盛りの長さ
$$=\frac{5×10\mu m}{20}=2.5\mu m$$

1 生物の多様性・共通性と進化

重要事項マスター

▶ 多種多様な生物

生物の大きさに注目すると，巨大な生物としてゾウなどが，微小な生物として大腸菌などがあげられる。また，生物の生息環境も，陸上や水中など，さまざまである。このように，地球上の生物には
(^{1}　　　　　)性がみられる。

▶ すべての生物の共通性

すべての生物には次のような共通性がある。
・基本単位である(^{1}　　　　　)は，生命活動において重要な役割を担っている。
・生命活動に(^{2}　　　　　)を利用する。(^{2}　　　　　)の出入りや変換には共通のしくみがある。
・遺伝物質として(^{3}　　　　　)をもち，(^{3}　　　　　)を受け継ぐことで同じ(^{4}　　　　　)の個体を
増やすことができる。

▶ 多様な生物とその分類

生物の特徴には，すべての生物に共通するもののほかに，特定の生物のグループにだけ共通してみられる特徴があり，その特徴によって生物を(^{1}　　　　　)することができる。たとえば，動物は(^{2}　　　　　)の有無によって脊椎動物と無脊椎動物に(^{1}　　　　　)できる。

地球上には，名前をつけられたものだけで，約214万(^{3}　　　　　)の生物が現生する。このうち，最も数が多いのは，節足動物の(^{4}　　　　　)である。

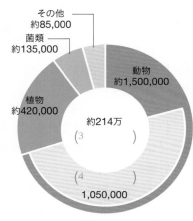

その他
約85,000
菌類
約135,000
動物
約1,500,000
植物
約420,000
約214万
(^{3}　　　　)
(^{4}　　　　)
1,050,000

↑ 地球上の生物(^{3}　　　　　)の数

▶ 生物の進化と共通性・多様性

生物は，共通する祖先から長い間をかけて(^{1}　　　　　)し，さまざまな生物へと(^{2}　　　　　)化したと考えられている。しかし，生物に共通する特徴は，(^{1}　　　　　)を重ねても共通祖先から現在の生物に受け継がれている。

生物の(^{1}　　　　　)に基づく類縁関係を(^{3}　　　　　)という。右の図は，生物の(^{3}　　　　　)に基づいて類縁関係を示した図である。共通の祖先から樹木のように枝分かれして示されるので，(^{4}　　　　　)とよばれる。

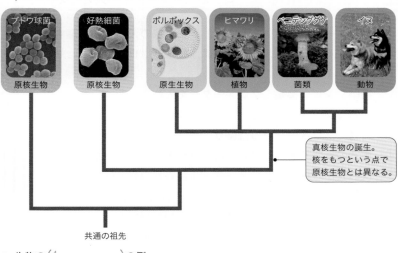

ブドウ球菌　　好熱細菌　　ボルボックス　　ヒマワリ　　ベニテングダケ　　イヌ
原核生物　　原核生物　　原生生物　　植物　　菌類　　動物

真核生物の誕生。
核をもつという点で
原核生物とは異なる。

共通の祖先

↑ 生物の(^{4}　　　　　)の例

▶ 重要用語チェック

(¹　　　　　　　)…生物の構造および機能上の基本単位。

(²　　　　　　　)…生物の分類における基本的な単位。

(³　　　　　　　)…生物の形質が，世代を重ねて受け継がれていく過程で変化していくこと。

✎ Work　脊椎動物の分類

　下の図は,脊椎動物の系統樹の例である。分類される形質に注目して空欄に適語を記入しよう。また，p.79の切り取りパーツから適した動物を貼り付けよう。

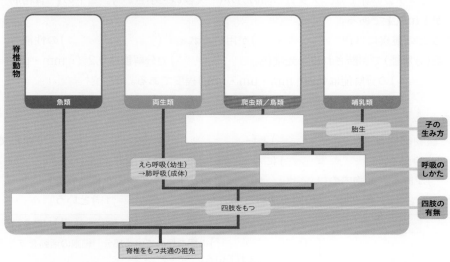

🏃 Exercise

① 次の文のうち，生物に共通な特徴として正しいものには○を，誤っているものには×をつけよ。

(1)　すべての生物の大きさは，ほぼ等しい。

(2)　すべての生物の生息環境は，均質である。

(3)　すべての生物は，細胞で構成される。

(4)　すべての生物は，生命活動にエネルギーを利用する。

(5)　すべての生物は，生命活動のエネルギーを得るために光合成を行う。

(6)　すべての生物は，DNAを遺伝物質とする。

(1)	(2)	(3)	(4)	(5)	(6)

② 生物の分類と進化に関する次の文のうち，正しいものには○を，誤っているものには×をつけよ。

(1)　名前をつけられたものだけでもおよそ20万種の生物が現生している。

(2)　生物の分類における基本単位を系統という。

(3)　進化によって生物のすべての共通性は失われた。

(4)　生物の形質は，進化の過程でしだいに変化していった。

(1)	(2)	(3)	(4)

重要事項マスター

▶ さまざまな細胞

細胞は、(¹　　　　　　　)で仕切られており、遺伝物質として(²　　　　　　　)をもつという点が共通している。しかし、生物の種類やからだの部位によって、細胞の大きさ、形態などはさまざまである。

たとえば、からだが1つの細胞からできているゾウリムシと酵母では、酵母の方が(³ 大きい・小さい)。また、ヒトの卵とメダカの卵では、メダカの卵の方が(⁴ 大きい・小さい)。ヒトの(⁵ 骨格筋・座骨神経)の細胞は長さが1 m以上である。

微小な細胞などの観察には(⁶　　　　　　　)が用いられる。(⁶　　　　　　　)の性能は、2点を区別できる最短距離(分解能)で判断される。光学(⁶　　　　　　)の分解能は0.2 (⁷ mm・μm・nm)程度、電子(⁶　　　　　　)の分解能は0.2(⁸ mm・μm・nm)程度である。

▶ 細胞の構造

動物細胞と植物細胞は、(¹　　　　　　)と(²　　　　　　)を含む(³　　　　　　　)からできており、(¹　　　　　　)の外側は(⁴　　　　　　)になっている。植物細胞には、(⁴　　　　　　)の外側に(⁵　　　　　　)がある。細胞内の(³　　　　　　)をはじめとするさまざまな構造物を(⁶　　　　　　)という。また、(⁶　　　　　　)の間を埋める部分を(⁷　　　　　　)という。

(¹　　　　　　)	(³　　　　　　)	細胞の働きを調節している。内部には(²　　　　　　)がある。
	(⁷　　　　　　)	(⁶　　　　　　)の間を埋めている部分。細胞の活動を支えるさまざまな物質が含まれている。
	(⁸　　　　　　)	呼吸の場である。
	(⁹　　　　　　)	植物細胞でよく発達し、成長とともに大きくなる。内部の液体には甘味や酸味のもととなる物質や色素などが含まれる。
	(¹⁰　　　　　　)	光合成を行う場である。クロロフィルなどの色素を含み、緑色にみえる。
	(⁴　　　　　　)	細胞の内外を仕切る膜。
(⁵　　　　　　)		主成分はセルロースで、丈夫である。植物細胞どうしの結びつきを強め、植物体を支える。

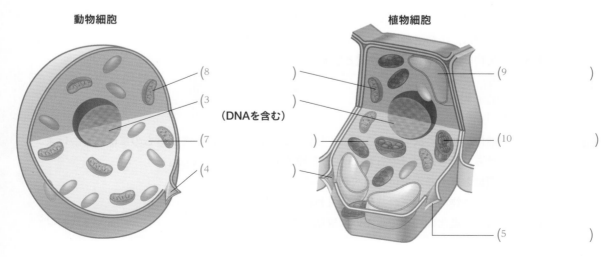

動物細胞

(⁸　　　　)
(³　　　　)
（DNAを含む）
(⁷　　　　)
(⁴　　　　)

植物細胞

(⁹　　　　　)
(¹⁰　　　　　)
(⁵　　　　　)

▶ 重要用語チェック

(¹　　　　　　　　　　　)…明確な形態と機能をもつ細胞内のさまざまな構造体。

(²　　　　　　　　　　　)…細胞膜に囲まれた部分のうち，核を除いたものすべて。

(³　　　　　　　　　　　)…（²　　　　　　　　　　　）のうち，（¹　　　　　　　　　　　）の間を埋める液状部分。

✍ **Work**　　細胞の基本構造

　左の細胞小器官の模式図を大きさや数に注意して，右の細胞に書き込もう。また，下の写真は，左の細胞小器官を電子顕微鏡で撮影したものである。それぞれの名称を書き込もう。

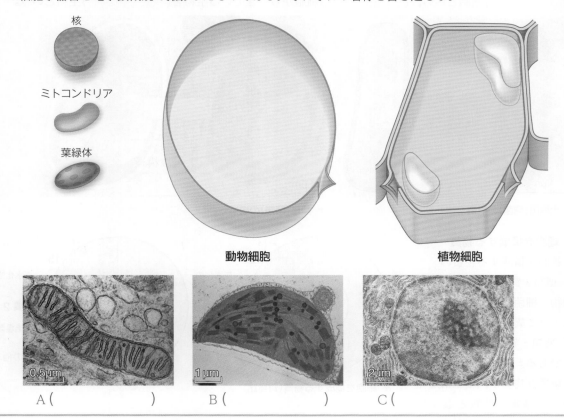

核

ミトコンドリア

葉緑体

動物細胞　　　　　　　　　　　植物細胞

0.5μm　　　　　　　　　　1μm　　　　　　　　　2μm

A (　　　　　　　　　)　　B (　　　　　　　)　　C (　　　　　　　　　)

🔍 **Exercise**

1 細胞の構造に関する次の文のうち，正しいものには○を，誤っているものには×をつけよ。

(1)　細胞内の細胞小器官の間を埋める部分を細胞質という。

(2)　核は細胞質に含まれるが，細胞膜は細胞質に含まれない。

(3)　植物細胞が成長するにつれて，核が大きくなる。

(4)　クロロフィルなどの色素をもつミトコンドリアは，光合成の場となる。

(5)　植物細胞の液胞に含まれるアントシアンなどの色素は，花の色や紅葉に関係する。

(1)		(2)		(3)		(4)		(5)	

細胞②

🎓 重要事項マスター

▶ 原核細胞と真核細胞

細胞には，遺伝物質である(^{1}　　　　　)が含まれている。大腸菌や乳酸菌などの細菌の細胞のように，(^{1}　　　　　)が細胞質基質中にあり，(^{2}　　　　　)をもたない細胞を(^{3}　　　　　)細胞といい，(^{3}　　　　　)細胞からできている生物を(^{3}　　　　　)生物という。これに対して，動物や植物，酵母やきのこなどの菌類の細胞のように(^{1}　　　　　)が(^{2}　　　　　)の中にある細胞を(^{4}　　　　　)細胞といい，(^{4}　　　　　)細胞からできている生物を(^{4}　　　　　)生物という。

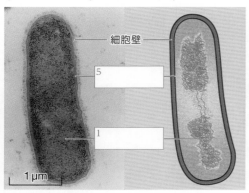

↑ 大腸菌（細菌）の構造

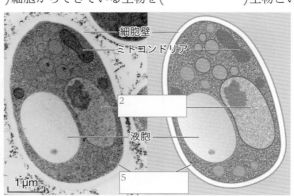

↑ 酵母（菌類）の構造

▶ 細胞を構成する物質

細胞を構成する物質の(^{1} 種類・質量比)は，動物・植物・細菌など，生物の種類によって異なるが，その(^{2} 種類・質量比)はほぼ同じである。そのなかでもとくに重要な物質は，細胞構造をつくる基本の物質となるほか，生命活動のさまざまな働きを担っている(^{3}　　　　　)である。

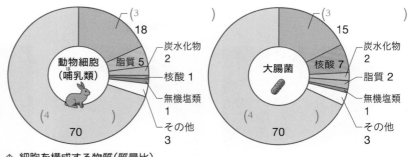

↑ 細胞を構成する物質（質量比）

▶ 単細胞生物と多細胞生物

からだが1つの細胞からできている生物を(^{1}　　　　　)，からだが多くの細胞からできている生物を(^{2}　　　　　)という。(^{3} 原核・真核)生物は，すべて(^{1}　　　　　)である。

▶ 重要用語チェック

(^{1}　　　　　)…核がなく，細胞小器官もみられない細胞。
(^{2}　　　　　)…核をはじめ，さまざまな細胞小器官をもつ細胞。

📖 Reference　ウイルスとその構造

　ウイルスにはインフルエンザウイルスやコロナウイルスなど多くの種類があり，病原体としてよく知られている。ウイルスはDNAやRNAを遺伝物質として用いるなど，一部に生物の特徴をもつが，細胞構造をもたず，タンパク質などでできた殻に包まれている。また，単独では増殖できないため，たいていは生物とはみなされない。

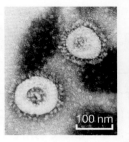 

タンパク質

100 nm

↑ コロナウイルスとその構造

✒️ Work　細胞内構造の比較

　下の大腸菌（細菌）と酵母（菌類）の模式図を，細胞膜は 青 ，細胞壁は 黄 ，核は 赤 ，その他の細胞小器官や膜構造は 緑 で塗り分けよう。また，生物の種類ごとに細胞内構造の有無を比較した右の表に，○（存在する），×（存在しない）を書き込み完成させよう。

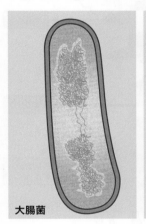

大腸菌

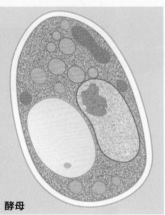

酵母

細胞内構造	真核細胞			原核細胞
	動物	植物	菌類	細菌
核				
DNA				
細胞膜				
細胞壁			○	○
葉緑体				
液胞	○		○	×
ミトコンドリア				

・菌類や細菌の細胞壁の主成分はセルロースではない。
・動物細胞には小さな液胞をもつものが存在する。

🏃 Exercise

1 細胞に関する次の文のうち，正しいものには○を，誤っているものには×をつけよ。

(1) 原核細胞にはDNAが存在しない。

(2) どの細胞にも細胞膜と細胞質基質が存在する。

(3) 細胞壁は真核細胞のみにみられる。

(4) 液胞は植物細胞のみにみられる。

(5) 動物細胞を構成する物質のうち最も多いのは水で，次に多いのは炭水化物である。

(6) 細胞小器官をもつ単細胞生物は存在しない。

(7) ミドリムシは，葉緑体をもつが細胞壁をもたない特殊な単細胞生物である。

(8) 多細胞生物を構成する細胞の形態や機能は，種が同じであれば，ほぼ等しい。

(1)		(2)		(3)		(4)		(5)		(6)		(7)		(8)	

4 代謝とエネルギー

🎓 重要事項マスター

▶ 生命活動とエネルギー

生物が生命活動を行うためにはエネルギーを必要とする。ヒトは食物を消化（分解），吸収することで(^{1}　　　　　　)を体内にとり入れる。この(^{1}　　　　　　)は，必要に応じて分解され，生命活動に必要なエネルギー源などとして利用される。(^{1}　　　　　　)は複雑な構造をしており，多量の(^{2}　光・熱・電気・化学)エネルギーを保持している。

▶ 代謝

生物の体内では，物質の合成や分解といったさまざまな化学反応が行われている。これらの化学反応をまとめて(^{1}　　　　　)という。(^{1}　　　　　)には，エネルギーをとり入れて簡単な物質から複雑な物質を合成する(^{2}　　　　　)と，複雑な物質を簡単な物質に分解してエネルギーをとり出す(^{3}　　　　　)がある。光合成は(^{2}　　　　　)の，呼吸は(^{3}　　　　　)の代表例である。

植物のように，光合成によって無機物から(^{4}　　　　　)をつくる生物を(^{5}　　　　　　)という。また，動物や菌類，多くの細菌のように，(^{5}　　　　　)がつくった(^{4}　　　　　)を直接または間接に摂取し，自分に必要な(^{4}　　　　　

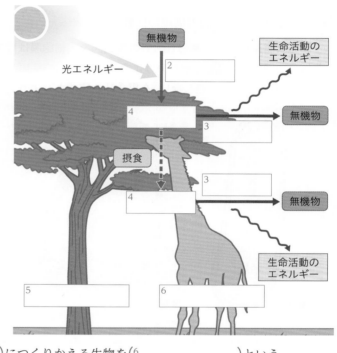

)につくりかえる生物を(^{6}　　　　　　　)という。

▶ ATP

生物の細胞内では，(^{1}　　　　　　)という物質が，生命活動に必要なエネルギーの出入りや変換などの仲立ちをしている。(^{1}　　　　　)はすべての生物が共通してもつ物質で，アデニンと(^{2}　　　　　)が結合した(^{3}　　　　　)という物質に3つの(^{4}　　　　　)が結合した化合物である。

(^{1}　　　　　)の(^{4}　　　　　)どうしの結合には多くのエネルギーが蓄えられており，この結合は，(^{5}　　　　　　　　)とよばれる。この結合が切れ，1つの(^{4}　　　　　)がとれると，(^{1}　　　　　)は(^{6}　

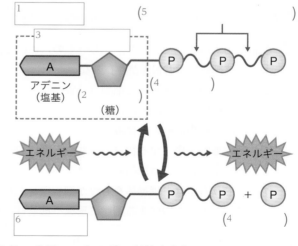

)になり，多量のエネルギーが放出される。

▶ 重要用語チェック

(^{1}　　　　　　)…生体内における化学反応の全体。(^{2}　　　　　)と(^{3}　　　　　)に分けられる。

(^{2}　　　　　　)…エネルギーをとり入れて簡単な物質から複雑な物質を合成する反応。

(^{3}　　　　　　)…複雑な物質を簡単な物質に分解してエネルギーをとり出す反応。

Work　代謝とエネルギーの出入り

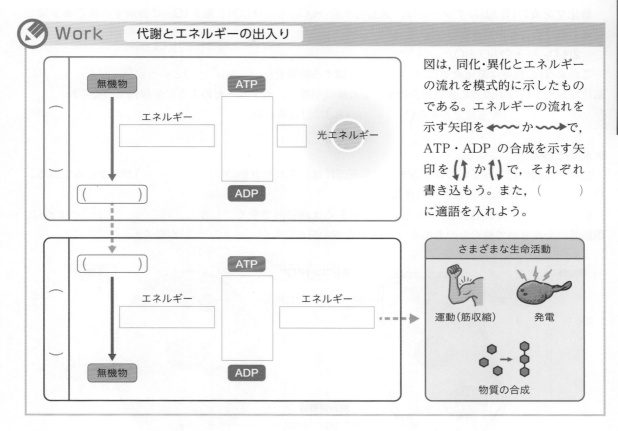

図は，同化・異化とエネルギーの流れを模式的に示したものである。エネルギーの流れを示す矢印を ◀～～ か ～～▶ で，ATP・ADP の合成を示す矢印を ⇅ か ⇅ で，それぞれ書き込もう。また，（　　　）に適語を入れよう。

Exercise

1 代謝に関する次の文のうち，正しいものには○を，誤っているものには×をつけよ。

(1) 代謝は，光合成に代表される異化と，呼吸に代表される同化に大別される。

(2) 同化はエネルギーを吸収する反応であり，異化はエネルギーを放出する反応である。

(3) 独立栄養生物が行う同化がなければ，ほとんどの従属栄養生物は地球上で生存できない。

(4) ATPはアデニンにリン酸が3つ結合した構造をしている。

(5) ATPにはリン酸どうしの結合が3か所含まれ，その結合を高エネルギーリン酸結合という。

(1)	(2)	(3)	(4)	(5)

2 右の図は，有機物の合成と分解のようすを模式的に示したものである。
図中のア～エにATPあるいはADPのいずれかを入れよ。

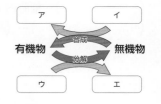

ア	イ	ウ	エ

5 | 酵素と代謝

重要事項マスター

▶ 酵素の働き

酸化マンガン（Ⅳ）とカタラーゼは，過酸化水素（H_2O_2）を水（H_2O）と酸素（O_2）に分解する反応を少量で促進し続けることができる。

$$2H_2O_2 \longrightarrow 2H_2O + O_2$$

このように，自身は変化せずに，化学反応を促進する物質を（^{1}　　　　　）という。（^{1}　　　　　）は，酸化マンガン（Ⅳ）のように金属化合物からなる無機触媒と，カタラーゼのように生体内でつくられ（^{2}　　　　　）を主成分とする（^{3}　　　　　）に分けられる。

▶ 細胞と酵素

生物の体内で起こっているさまざまな化学反応には，それぞれ別の（^{1}　　　　　）がかかわっている。（^{1}　　　　　）には非常に多くの種類がある。

（^{1}　　　　　）は細胞内でつくられ，その多くは細胞内で働く。しかし，（^{2}　　　　　）のように，細胞外に分泌されて働くものもある。ATPの合成や分解にも（^{1}　　　　　）が働く。

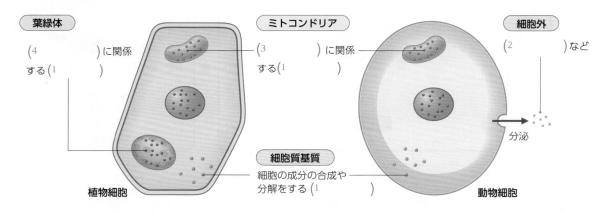

葉緑体

（^{4}　　　　　）に関係
する（^{1}　　　　　）

ミトコンドリア

（^{3}　　　　　）に関係
する（^{1}　　　　　）

細胞外

（^{2}　　　　　）など

分泌

細胞質基質

細胞の成分の合成や
分解をする（^{1}　　　　　）

植物細胞

動物細胞

▶ 酵素の基質特異性

カタラーゼは過酸化水素の分解を促進するが，ほかの化学反応には影響を及ぼさない。このように，それぞれの（^{1}　　　　　）は，（^{2} すべて・特定 ）の化学反応を促進する。（^{1}　　　　　）の作用を受ける物質を，その（^{1}　　　　　）の（^{3}　　　　　）という。また，（^{1}　　　　　）が（^{2} すべて・特定 ）の（^{3}　　　　　）にのみ作用する性質を（^{1}　　　　　）の（^{4}　　　　　）という。

▶ 重要用語チェック

（^{1}　　　　　）…反応の前後で自身は変化せずに，特定の化学反応を促進する物質。
（^{2}　　　　　）…細胞内で合成され，タンパク質を主成分とする（^{1}　　　　　）。
（^{3}　　　　　）…（^{2}　　　　　）が特定の基質にのみ作用する性質。

Reference 　無機触媒と酵素の違い

　無機触媒と酵素には，いくつかの性質の違いがみられる。たとえば，酵素には，反応速度が最も大きくなる温度帯やpH帯があるが，無機触媒にはそのような性質はみられない。これは酵素の主成分であるタンパク質が熱や酸・アルカリによって**変性**するためである。タンパク質が変性して働きを失うことを**失活**という。

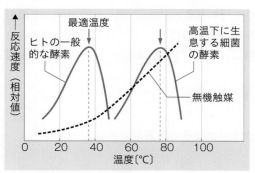

↑ 触媒の反応速度と温度

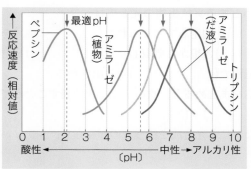

↑ 酵素の反応速度とpH

Work　消化酵素

次にあげる基質，消化酵素，分解産物を適切な関係となるように線で結ぼう。

基質	酵素1	分解産物1	酵素2	分解産物2
デンプン	リパーゼ	ポリペプチド	マルターゼ	アミノ酸
脂肪	ペプシン／トリプシン	マルトース	ペプチダーゼ	グルコース
セルロース	アミラーゼ	グルコース		
タンパク質	セルラーゼ／グルコシダーゼ	脂肪酸／モノグリセリド		

Exercise

1　過酸化水素の分解を促す触媒の性質を調べる目的で，試験管A～Eを準備し，実験を行った。下の問いに答えよ。

試験管A　試験管に水2 mLを入れ，酸化マンガン(Ⅳ)を少量加えた。
試験管B　試験管に3%過酸化水素水2 mLを入れ，酸化マンガン(Ⅳ)を少量加えた。
試験管C　試験管に3%過酸化水素水2 mLを入れ，石英砂を少量加えた。
試験管D　試験管に3%過酸化水素水2 mLを入れ，ブタの肝臓の小片を加えた。
試験管E　試験管に3%過酸化水素水2 mLを入れ，煮沸したブタの肝臓の小片を加えた。

(1) 試験管A～Eのうち，気体の発生が観察されたものをすべて答えよ。
(2) (1)で答えた試験管について，気体が発生しなくなってから過酸化水素水を加えると，気体は発生するか。
(3) (1)で答えた試験管について，気体が発生しなくなってからさらに酸化マンガン(Ⅳ)を加えると，気体は発生するか。
(4) 試験管Dに加えたブタの肝臓の小片に含まれていると考えられる酵素の名称を答えよ。

(1)		(2)		(3)		(4)	

1章 生物の特徴

6 光合成と呼吸

重要事項マスター

▶ 光合成と葉緑体

植物をはじめとする真核生物の光合成は，(^{1} 　　　　　)で行われる。(^{1} 　　　　　)では，太陽の(^{2} 　　　　　)を利用してつくられた(^{3} 　　　　　)を用いて，葉の(^{4} 　　　　　)からとり入れた(^{5} 　　　　　)と根から吸収した(^{6} 　　　　　)を材料に，デンプンなどの(^{7} 　　　　　)が合成される。その過程で(^{8} 　　　　　)が放出される。

光合成の反応をまとめると，次のような式で表すことができる。

(^{5} 　　　　　)＋(^{6} 　　　　　)＋(^{2} 　　　　　) ⟶ (^{7} 　　　　　)＋(^{8} 　　　　　)

原核生物のなかにも光合成を行うものが存在し，シアノバクテリアはその代表例である。

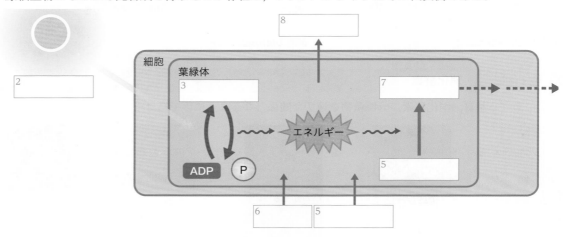

▶ 呼吸とミトコンドリア

ほとんどの生物は生命活動のエネルギーを呼吸によりとり出している。真核生物の呼吸は，(^{1} 　　　　　)で行われ，ここでは(^{2} 　　　　　)を用いて，(^{3} 　　　　　)が(^{4} 　　　　　)と(^{5} 　　　　　)に分解される。このとき発生したエネルギーによって(^{6} 　　　　　)が合成される。呼吸により分解される(^{3} 　　　　　)を(^{7} 　　　　　)といい，グルコースはその代表例である。

呼吸の反応をまとめると，次のような式で表すことができる。

(^{3} 　　　　　)＋(^{2} 　　　　　) ⟶ (^{4} 　　　　　)＋(^{5} 　　　　　)＋エネルギー

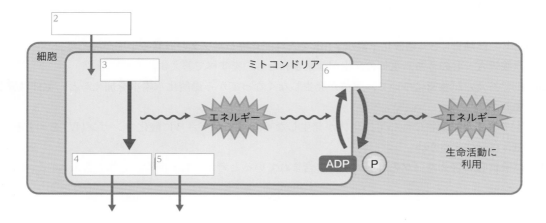

▶ 重要用語チェック

(¹)…生物が光エネルギーを使って二酸化炭素と水などから有機物を合成する反応。

(²)…生物が酸素を使って有機物を分解し,とり出したエネルギーをATPにたくわえる反応。

Work 代謝と物質・エネルギー

光合成と呼吸に関する物質・エネルギーの流れを示した下の模式図の▢ に酸素か二酸化炭素を,▢ に水か有機物を,◯ にATPかADPをそれぞれ書き込もう。

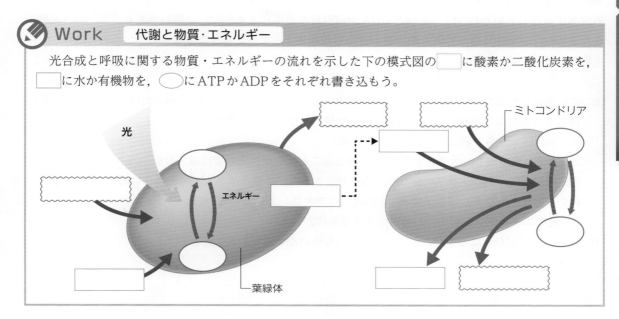

Exercise

1 光合成と呼吸に関する次の文のうち,正しいものには○を,誤っているものには×をつけよ。

(1) 植物は,熱エネルギーを使って酸素から有機物をつくる光合成を行う。

(2) 光合成はすべて葉緑体で行われる。

(3) 葉緑体には,ミトコンドリアと同じく,ATPを合成する働きがある。

(4) 生物は,酸素を使って有機物を分解し,とり出したエネルギーをATPにたくわえる呼吸を行う。

(5) グルコースを呼吸基質とする呼吸では,最終的に,二酸化炭素と水が生成する。

(6) グルコース以外の物質も呼吸基質として使われるが,その場合ATPは合成されない。

(7) 植物は光合成でつくったグルコースを自身の呼吸に利用できる。

(1)	(2)	(3)	(4)	(5)	(6)	(7)

2 植物の芽生えは,種子にたくわえた有機物から生命活動のエネルギーを得ている。図のように容器に芽生えを入れ,底部に二酸化炭素を吸収する溶液を入れた。途中に水滴の入ったガラス管をつなぎ,密閉した。

(1) このあと,水滴は,AとBのどちらの方向に動くか。

(2) 水滴の動きに影響する,芽生えに生じている現象を次から2つ選べ。

① 二酸化炭素の放出　② 二酸化炭素の吸収　③ 酸素の放出

④ 酸素の吸収

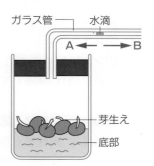

(1)	(2)	

章末問題

1 細胞の特徴

すべての生物のからだは，細胞からなる。細胞には大きくわけて，DNAが（　ア　）の内部に存在している（　イ　）細胞とDNAが細胞質基質中にある（　ウ　）細胞がある。（　イ　）細胞からなる（　イ　）生物にはたくさんの細胞が分化し組織化するようになった生物もいて，これらは（　エ　）生物とよばれる。

(1) （　ア　）〜（　エ　）の空欄に適切な語を入れよ。

(2) 次にあげる性質について，（　イ　）細胞だけがもつ性質には①，（　ウ　）細胞だけがもつ性質には②，両者とももたない性質には③，両者とももつ性質には④として答えよ。

　A：細胞膜をもち，細胞の内外の区別がある。

　B：大きいものでも，大きさが10 μmを超えることはなく，肉眼ではみえない。

　C：細胞内にミトコンドリアをもち，細胞が生きるのに必要なエネルギーを得ている。

　D：細胞質をもたず，遺伝子であるDNAだけで生活しているものがいる。

　E：光のエネルギーを利用した光合成をするものがいる。

(3) （　ウ　）細胞からなる生物として，どのような生物がいるか。1つ例をあげよ。

(1)	ア		イ		ウ		エ	
(2)	A	B	C	D	E	(3)		

2 細胞の発見

細胞に関する次の文章を読み，下の問いに答えよ。

　17世紀に，顕微鏡観察によってコルク切片に特徴的な構造が発見され，「細胞」と名付けられた。ほぼ同時期に，肉眼では観察できないほど小さな生き物が存在することも発見された。その後，（　ア　）は植物について，（　イ　）は動物について，そのからだは細胞を基本単位にしていることを提唱した。

　(a)細胞には，核をもつ真核細胞と，それをもたない原核細胞があり，形も大きさもさまざまである。真核細胞には核だけでなく，(b)ミトコンドリアをはじめ液胞や葉緑体などさまざまな構造体がある。真核細胞の多くは多細胞体を構成しているが，単一の細胞として存在している真核生物もいる。

(1) 上の文章中の（　ア　），（　イ　）に入る人物名の組合せとして最も適当なものを，次の①〜⑧のうちから1つ選べ。

	ア	イ		ア	イ
①	レーウェンフック	シュワン	②	フック	レーウェンフック
③	シュライデン	シュワン	④	フック	シュライデン
⑤	シュライデン	レーウェンフック	⑥	フック	シュワン
⑦	シュワン	シュライデン	⑧	レーウェンフック	フック

(2) 下線部(a)に関連して，細菌の細胞と植物細胞のどちらにも見られる物質や構造体の名称の組合せとして最も適当なものを次の①〜⑧のうちから1つ選べ。

①DNA，細胞壁，細胞膜　　　　　②DNA，細胞壁，ミトコンドリア

③DNA，細胞壁，葉緑体　　　　　④RNA，細胞膜，ミトコンドリア

⑤RNA，細胞膜，葉緑体　　　　　⑥RNA，ミトコンドリア，葉緑体

⑦細胞壁，細胞膜，ミトコンドリア　⑧細胞壁，細胞膜，葉緑体

(3) 下線部(b)に関連して，ミトコンドリアに関する記述として最も適当なものを，次の①〜④のうちから1つ選べ。

①ミトコンドリアの内部の構造は，光学顕微鏡によって観察することができる。

②ミトコンドリアはクロロフィルなどの色素を含み，緑色にみえる。

③ミトコンドリアは呼吸に関する酵素を含み，デンプンをとり込み分解することでエネルギーをとり出す。

④ミトコンドリア内で起こる反応では，水(H_2O)がつくられる。

(1)		(2)		(3)	

3 **細胞の構造** 動物や植物の細胞にはいろいろな構造物がある。

(1) 右に示した細胞の部分の名称を答え，その働きや特徴について適切なものを以下の①〜⑦から選べ。

①細胞液で満たされ，糖や有機酸を含む。

②有機物からエネルギーをとり出す。

③光合成を行う。　　④細胞小器官の間を埋める液体部分　　⑤細胞内外を仕切る。

⑥DNAを含み，細胞の働きを調節している。　　⑦細胞を保護・支持する。

動物細胞　　　　　　　　**植物細胞**

A　B　C　D　E　F　G

(2) A〜Gで原核細胞にもあるものはどれか。すべてあげよ。

(1)	名称	働き
A		
B		
C		
D		

	名称	働き
E		
F		
G		
(2)		

4 **細胞とエネルギー** 次の文章中の（　）に適切な語を入れよ。

　生体内の化学反応には，大きくわけて2つある。複雑な物質を分解しその過程でエネルギーをとり出す（　ア　）と，エネルギーを使い複雑な物質をつくる（　イ　）である。

　（　ア　）の代表的なものは（　ウ　）であり，この反応によって生物は生きるのに必要なエネルギーを得ている。このときに分解される有機物を（　エ　）という。

　植物の細胞内で行われる（　イ　）では，光のエネルギーを使って行われる（　オ　）が代表的なものである。この反応は（　カ　）と水を材料にして，有機物と酸素をつくり出す。そのさい，光のエネルギーは（　キ　）エネルギーとして有機物の中に蓄えられることになる。この反応は細胞内の（　ク　）という細胞小器官で行われている。

ア	イ	ウ	エ
オ	カ	キ	ク

5 **ATP** ATPはすべての生物に共通してみられる物質で，代謝に重要な働きをしている。下の式はこのときのATPの変化のしかたを示している。

ATP → ADP + （ア）

(1) （ア）には何という物質が入るか。

(2) 使われたADPは再び（ア）と結合し，ATPが合成されるがそのときにはエネルギーが必要となる。ADPと（ア）との結合を何というか。

(3) 次に示す生体内の化学反応について，ATPが関与しているものをすべて選べ。
　①筋肉が刺激を受けて収縮する。
　②赤血球中のヘモグロビンが酸素と結合する。
　③有機物がミトコンドリア内で分解される。
　④光のエネルギーを受け，葉緑体の中で光合成が行われる。
　⑤だ液のアミラーゼによってデンプンが分解される。

(1)		(2)		(3)	

6 **酵素** 酵素に関する次の文章を読み，下の問いに答えよ。

生体内には数千種類の (a)酵素が存在する。それぞれの酵素が生体触媒として働き，生命活動に必要なさまざまな化学反応が効率よく営まれている。たとえば，ヒトのだ液中に分泌されて働く　ア　は，デンプンを分解し，胃液に含まれる　イ　は，タンパク質を分解する。このように，(b)酵素は，それぞれ特定の場所に存在し，決まった基質のみに作用する。

(1) 下線部(a)に関する記述として誤っているものを，次の①～⑤のうちから1つ選べ。
　①食物として摂取した酵素の多くは，そのままヒトの体内に取り込まれて細胞内で働く。
　②酵素は，主にタンパク質でできている。
　③多くの酵素は，くり返し作用しうる。
　④ある種の酵素は，細胞外に分泌されて働く。
　⑤酵素反応の多くは，生体内のような比較的おだやかな条件で進む。

(2) 上の文章中の　ア　，　イ　に入る語の組合せとして最も適当なものを，次の①～⑥のうちから1つ選べ。

	ア	イ		ア	イ
①	アミラーゼ	トリプシン	②	アミラーゼ	ペプシン
③	トリプシン	アミラーゼ	④	トリプシン	ペプシン
⑤	ペプシン	アミラーゼ	⑥	ペプシン	トリプシン

(3) 下線部(b)のように，酵素が，特定の基質のみに作用する性質のことを何というか。

(1)		(2)		(3)	

7 **光合成と呼吸** 下の図は，呼吸基質がグルコースの場合の，呼吸の反応を示した模式図である。下の問いに答えよ。

（ア）
グルコース ⟹ 二酸化炭素 ＋ 水 ＋ （イ）

(1) 呼吸が行われる細胞小器官はどこか。

(2) 図で，グルコースが分解されるときに使われる物質（ア）は何か。

(3) 呼吸では，グルコースが二酸化炭素と水に分解されて，物質（イ）が合成される。この物質（イ）とは何か。

(4) 次のア～カにあてはまる反応を下の①～③のうちからそれぞれ選べ。

　ア　動物細胞で行われる。　　　　イ　植物細胞で行われる。
　ウ　同化の反応過程である。　　　エ　異化の反応過程である。
　オ　ATPが合成される。　　　　　カ　酵素が使われる。

　①光合成のみ　　　②呼吸のみ　　　③光合成と呼吸

(1)		(2)		(3)	
(4) ア	イ	ウ	エ	オ	カ

8 **光合成** 生物体中の炭素を含む有機物は，植物による光合成に由来する。以下の(1)，(2)の問いに答えよ。

(1) 植物のように，無機物から有機物を合成できる生物は，独立栄養生物，従属栄養生物のどちらか。

(2) 植物において，光合成の場となる細胞小器官の名称を答えよ。

(3) 下の図は，植物における有機物の代謝をおおまかに示したものである。図のア，イ，ウに入る物質と Ｉ の反応名の組合せとして最も適当なものを，下の①～⑥のうちから1つ選べ。

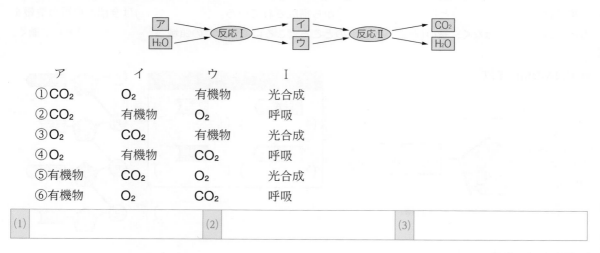

	ア	イ	ウ	Ｉ
①	CO_2	O_2	有機物	光合成
②	CO_2	有機物	O_2	呼吸
③	O_2	CO_2	有機物	光合成
④	O_2	有機物	CO_2	呼吸
⑤	有機物	CO_2	O_2	光合成
⑥	有機物	O_2	CO_2	呼吸

(1)		(2)		(3)	

7 遺伝子の本体

重要事項マスター

▶ 遺伝情報

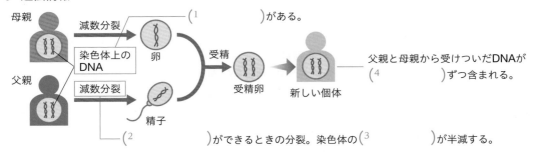

母親
減数分裂 → 卵
染色体上の DNA
父親
減数分裂 → 精子

(^{1})がある。

受精 → 受精卵 → 新しい個体

父親と母親から受けついだDNAが
(^{4})ずつ含まれる。

(^{2})ができるときの分裂。染色体の(^{3})が半減する。

▶ 染色体，DNA，遺伝子の関係

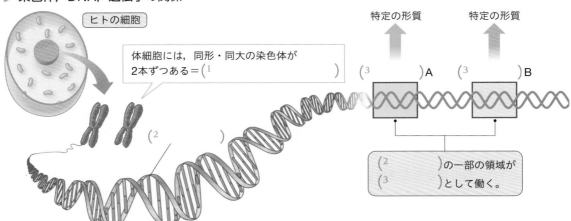

ヒトの細胞

体細胞には，同形・同大の染色体が2本ずつある＝(^{1})

(^{2})

特定の形質　　特定の形質

(^{3})A　　(^{3})B

(^{2})の一部の領域が
(^{3})として働く。

　染色体は(^{2})と(^{4})から構成されている。(^{2})は全部が形質の情報をもっているわけではなく，長い(^{2})のところどころにある特定の領域が(^{3})として働く。

▶ DNAの構成単位

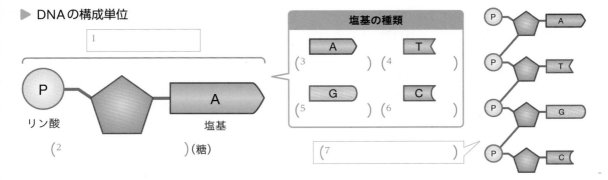

1

P リン酸
(^{2})（糖）
A 塩基

塩基の種類

A　　　　T
(^{3})　　(^{4})

G　　　　C
(^{5})　　(^{6})

(^{7})

P ─ A
P ─ T
P ─ G
P ─ C

▶ 二重らせん構造

　DNAを構成するヌクレオチド鎖は2本あり，(^{1})の部分が向かいあって結合し，はしごのような構造をとっている。このはしご状の構造が全体でねじれてらせんを描いた形になっているため，DNAの立体構造は(^{2})とよばれる。

▶ **塩基の相補性**

ある塩基が特定の塩基とのみ結合する性質を
(¹　　　　　　　　　)という。

| Aと(²　　　) |
| Gと(³　　　) |

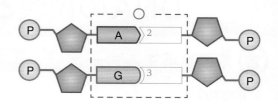

▶ **重要用語チェック**

(¹　　　　　　)…リン酸・糖・塩基が結合した物質。DNAは多数の(¹　　　　　　)が規則的に結合した物質である。

(²　　　　　　)…DNAの2本鎖を結びつけている対になった塩基。

(³　　　　　　)…DNAの一方の鎖の塩基の並び方。

✎ Work　　DNAの構造

下図はDNAの模式図である。①空欄に相補的な塩基(A，T，G，C)のアルファベットを書き入れよう。②Aは 緑，Tは 赤，Gは 橙，Cは 青 で塗り分け，図を完成させよう。

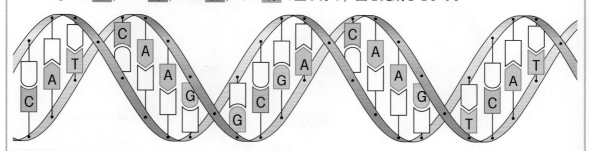

2章 …… 遺伝子とその働き

🏃 Exercise

1　右の図はDNAを模式的に表したものである。図を参考にして，次の問いに答えよ。

(1)　DNAを構成する塩基にはA，T，G，Cの4種類がある。これらが結合するときには，一定の規則性がある。その規則性を次の中から1つ選べ。

①AはA，TはTとしか結合できない。

②AはG，TはCとしか結合できない。

③AはT，GはCとしか結合できない。

④AはC，TはGとしか結合できない。

💡(2)　A，T，G，Cの結合の関係を考えた場合，DNAの中のA，T，G，Cの量的な関係についてはどのようなことがいえるか。次の中から1つ選べ。

①A，T，G，Cには，特に量的な関係はない。

②AとT，GとCは同じ量になると考えられる。

③AとG，TとCは同じ量になると考えられる。

④AとTの和と，GとCの和が等しくなると考えられる。

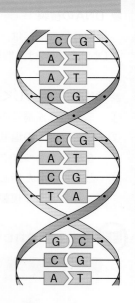

💡(3)　1本の二重らせん構造をもつDNAのA，T，G，Cの量を調べたとき，Aの割合が全体の30%であったとすると，ほかのT，G，Cの割合は，どのようになると考えられるか。

(1)		(2)		(3) T		G		C	

8 DNAの複製と分配

🎓 重要事項マスター

▶ 細胞周期

細胞周期＝(^{1}　　　　　　　)＋分裂期（M期）

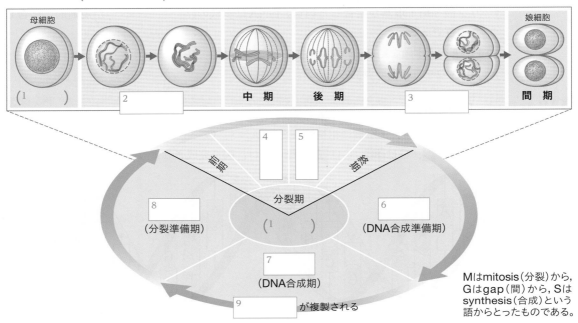

母細胞

(^{1}　　　)　　　^{2}　　　　　　中 期　　後 期　　^{3}　　　　　間 期　　娘細胞

分裂期

^{4}　　^{5}　　

分裂期
(^{1}　　　　　)

^{8}　　　　　（分裂準備期）

^{6}　　　　　（DNA合成準備期）

^{7}　　　　　（DNA合成期）

^{9}　　　　　が複製される

Mはmitosis（分裂）から，Gはgap（間）から，Sはsynthesis（合成）という語からとったものである。

▶ DNAの複製

細胞分裂の際には，新しくできる2つの(^{1}　　　　　　　　)細胞に遺伝情報が正確に伝わる。

DNAの複製は，間期の中でも(^{2}　　　　　　)期に行われる。

▶ DNAの複製のしくみ

① 二重らせん構造の2本鎖を結びつけている(^{1}　　　　　　　　)の結合が切れる。

② ほどけた鎖の塩基に，Aには(^{2}　　　　　　)，Gには(^{3}　　　　　　)というように，(^{4}　　　　　　　)な塩基をもつヌクレオチドが結合する。

③ となりあった新しい(^{5}　　　　　　)が次々と結合することで，複製が完了する。
⇒このような複製は(^{6}　　　　　　)とよばれる。

📖 Reference 　体細胞分裂（タマネギの例）

間期	分裂期（前期）	分裂期（中期）	分裂期（後期）	分裂期（終期）

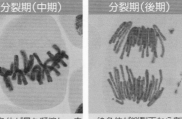
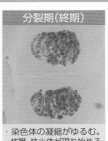

・染色体のDNA量が2倍になる。

・染色体が太く，短くなる。
・核膜・核小体の消失開始。

・染色体が最も凝縮し，赤道面に並ぶ。

・染色体が縦裂面から割れ両極へ移動していく。

・染色体の凝縮がゆるむ。
・核膜・核小体が現れ始める。

5μm

▶ 重要用語チェック

(^{1}　　　　　　)…細胞分裂が行われる期間。M期ともよばれる。

(^{2}　　　　　　)…細胞分裂が終了してから次の細胞分裂がはじまるまでの期間。

(^{3}　　　　　　)…(^{1}　　　　　　)と(^{2}　　　　　　)がくり返される周期のこと。

✐ Work 　 DNAの複製と核内のDNA量の変化

　体細胞分裂の際の，細胞1個あたりのDNA量の変化を，G_1期の初めを1として下のグラフにかき込もう。また，赤枠内の時期のDNAの状態を，巻末のシートから選び，切り取って貼ろう。

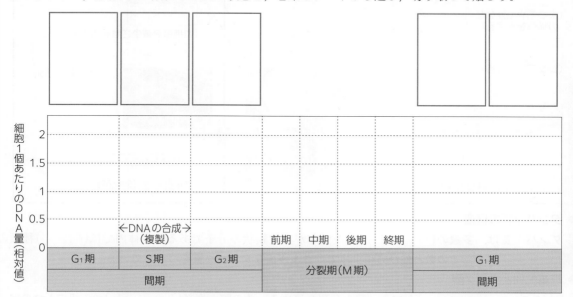

2章 ‥‥‥ 遺伝子とその働き

✐ Exercise

1　下の図は体細胞分裂の過程を示した模式図である。次の問いに答えよ。

A　　　　　　　B　　　　　　　C　　　　　　　D　　　　　　　E　　　　　　　F

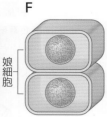

娘細胞

(1) 体細胞分裂が進行していく順に並べ替えよ。

(2) A～Eの各時期の名称を書け。

(3) タマネギの根端細胞を観察した場合，最も多く観察されるのはA～Eのうちのどの時期か。

(4) DNAの複製が行われるのは，A～Eのうちのどの時期か。

(5) 複製が完了したDNAの2本のヌクレオチド鎖のうち，1本はもとのヌクレオチド鎖，もう1本は新しいヌクレオチド鎖となる。このような複製は，何とよばれるか。

(1)	→	→	→	→	→
(2) A	B	C	D	E	
(3)	(4)		(5)		

9 遺伝子とタンパク質

🎓 重要事項マスター

▶ 生体とタンパク質

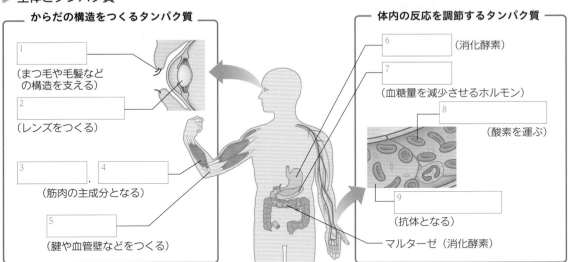

からだの構造をつくるタンパク質

1 [_____]
（まつ毛や毛髪など
の構造を支える）

2 [_____]
（レンズをつくる）

3 [_____] . 4 [_____]
（筋肉の主成分となる）

5 [_____]
（腱や血管壁などをつくる）

体内の反応を調節するタンパク質

6 [_____]（消化酵素）

7 [_____]
（血糖量を減少させるホルモン）

8 [_____]
（酸素を運ぶ）

9 [_____]
（抗体となる）

マルターゼ（消化酵素）

▶ タンパク質の構造

タンパク質は，多数の（1 [_____]）がつながった鎖状の分子である。生体内では（2 [_____]）種類の（1 [_____]）が，その数と並び方によって，さまざまなタンパク質をつくっている。

▶ 塩基配列とアミノ酸

DNAの（1 [_____]）がアミノ酸の配列を決める。その際，塩基（2 [_____]）つ1組で1つのアミノ酸と対応する。DNAを構成する塩基は（3 [_____]）の4種類しかないが，（2 [_____]）つ1組になることで多数のアミノ酸を決められる。

▶ 遺伝子・アミノ酸・タンパク質

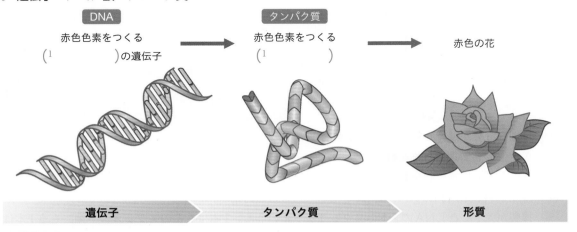

DNA

赤色色素をつくる
（1 [_____]）の遺伝子

タンパク質

赤色色素をつくる
（1 [_____]）

赤色の花

遺伝子	タンパク質	形質

▶ 重要用語チェック

（1 [_____]）…生体に含まれる物質のなかで最も種類が多く，それぞれが重要な働きを担う。

Reference　生体をつくる物質

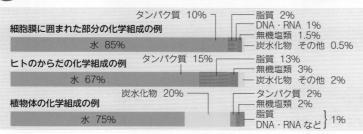

↑ 細胞の化学組成

 グルコース
ブドウ糖ともいう

 フルクトース
糖類で最も甘い

 スクロース
砂糖の主成分

 ラクトース
牛乳や母乳の成分

↑ いろいろな炭水化物

Work　遺伝子とタンパク質（鎌状赤血球貧血症）

　下の図は，正常な赤血球と鎌状赤血球貧血症のヘモグロビンのそれぞれについて，DNAの塩基配列の一部と，そこに対応するアミノ酸配列を比較したものである。正常と鎌状赤血球貧血症で異なるアミノ酸を探して赤線を引き，塩基配列の異なる部分を赤で囲んでみよう。

正常な赤血球のヘモグロビン

DNAの塩基配列
```
C A C G T A G A C T G A G G A C T C C T C T T C A G A C G G C A A
G T G C A T C T G A C T C C T G A G G A G A A G T C T G C C G T T
```

アミノ酸配列の一部 - バリン - ヒスチジン - ロイシン - トレオニン - プロリン - グルタミン酸 - グルタミン酸 - リシン - セリン - アラニン - バリン -

鎌状赤血球貧血症のヘモグロビン

DNAの塩基配列
```
C A C G T A G A C T G A G G A C A C C T C T T C A G A C G G C A A
G T G C A T C T G A C T C C T G T G G A G A A G T C T G C C G T T
```

アミノ酸配列の一部 - バリン - ヒスチジン - ロイシン - トレオニン - プロリン - バリン - グルタミン酸 - リシン - セリン - アラニン - バリン -

Exercise

1　DNAとタンパク質に関する次の文中の（　）内に適当な語句を記入せよ。
(1) DNAは2本の鎖がらせん状にのびた（　ア　）構造をしている。2本鎖の中央では4種類の塩基のうち，Aと（　イ　），（　ウ　）とCがそれぞれ対になって結合している。
(2) DNAがもつ遺伝情報は，（　エ　）の配列順序によって決まる。
(3) （　エ　）の配列順序は，3つで1つの（　オ　）を指定することで，（　オ　）の配列順序を示す。
(4) （　オ　）が多数結合したものが（　カ　）である。

ア		イ		ウ	
エ		オ		カ	

10 | タンパク質の合成

🎓 重要事項マスター

▶ DNAとRNA

	DNA	RNA
構成単位	ヌクレオチドが鎖状に結合	ヌクレオチドが鎖状に結合
鎖の数	2本鎖(二重らせん)	(^{1}　　　　)本鎖
ヌクレオチドの糖	デオキシリボース	(^{2}　　　　)
ヌクレオチドの塩基	A　アデニン T　チミン G　グアニン C　シトシン	A　アデニン (^{3}　　　)(^{4}　　　　) G　グアニン C　シトシン
働き	遺伝子の本体	(^{5}　　　　)合成過程の仲立ち

▶ 転写と翻訳

タンパク質の合成　＝　①(^{1}　　　　　)の過程　＋　②(^{2}　　　　　)の過程

① (^{1}　　　　　)の過程
- ・DNAの二重らせん構造の一部がほどける。
- ・ほどけた2本鎖のうち，一方の鎖の塩基に(^{3}　　　　)的な(^{4}　　　　　)のヌクレオチドが結合する。
- ・となりあうヌクレオチドどうしがつながって，(^{5}　　　　　)ができる。

② (^{2}　　　　　)の過程
- ・(^{5}　　　　)の塩基(^{6}　　　　)つで1つのアミノ酸が指定される。
- ・アミノ酸は(^{7}　　　　)によって運ばれる。
- ・(^{7}　　　)は，(^{5}　　　　)の3つの塩基に相補的に結合する部分をもち，決まったアミノ酸を運ぶ。
- ・運ばれたアミノ酸が順番につながれていくことで，(^{8}　　　　　)が合成される。

▶ 遺伝情報の流れ

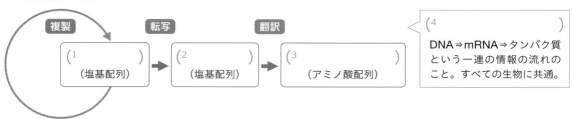

複製 → 転写 → 翻訳

| (^{1}　　　　　)
(塩基配列) | → | (^{2}　　　　　)
(塩基配列) | → | (^{3}　　　　　)
(アミノ酸配列) |

(^{4}　　　　　　　　　)
DNA⇒mRNA⇒タンパク質という一連の情報の流れのこと。すべての生物に共通。

▶ 重要用語チェック

(^{1}　　　　　)…DNAの塩基配列を，RNAに相補的に写しとる過程。

(^{2}　　　　　)…(^{1}　　　　　)によって合成されるRNA。伝令RNAともよばれる。

(^{3}　　　　　)…(^{1}　　　　　)によって合成された(^{2}　　　　)をもとにタンパク質を合成する過程。

(^{4}　　　　　)…(^{3}　　　　)の際にアミノ酸を運ぶRNA。転移RNAともよばれる。

(^{5}　　　　　)…(^{2}　　　　　)の連続した3つの塩基の並びと，指定される(^{6}　　　　　)の対応を示した表。

Work　　転写と翻訳の過程

①　ほどけたDNAの塩基配列を鋳型にしてmRNAができる<u>転写の過程</u>を示した下図①の空欄に，
　　DNAと相補的なmRNAの塩基をアルファベットで書き入れて確認しよう。

②　①のmRNAは，転写が終わると細胞質基質へ移動する。②のmRNAに①と同じ塩基を書き入れ
　　よう。

③　mRNAの塩基配列をもとにアミノ酸が並んでいく<u>翻訳の過程</u>を，p.79のパーツを使って確認し
　　よう。

・パーツ(tRNA，アミノ酸)を切り抜く。

・tRNAに指定されたアミノ酸をのせる。

・②のmRNAの左端から，教科書のコドン表に従って，塩基が3つずつ並んだ配列に，相補的に
　結合するtRNAを並べる。

・tRNAによって運ばれたアミノ酸を，点線の空欄内に順番に貼りつける。(tRNAは離れる。貼り
　つけない)

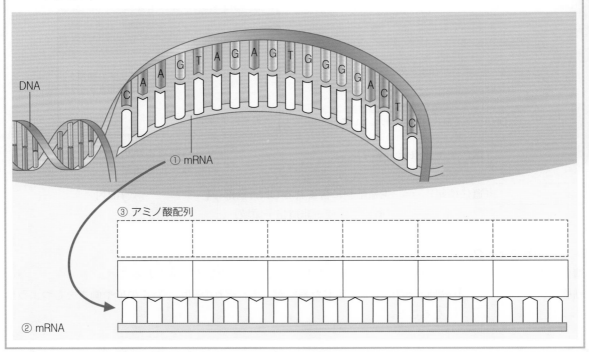

Exercise

1　タンパク質の合成過程に関する次の文中の空欄1～8に，最も適切な語を入れよ。

　　タンパク質は，DNAの遺伝情報にもとづいて合成される。真核生物のDNAの遺伝情報は，核内
で（　1　）に転写される。転写のときの，DNAと（　1　）との（　2　）の対応は，チミン→アデニン，
グアニン→（　3　），アデニン→（　4　），（　3　）→（　5　）である。（　1　）は，その塩基（　6　）
つが（　7　）つの（　8　）を指定することで，DNAの遺伝情報どおりに（　8　）を並べてゆく。（　8　）
が多数つながり，タンパク質ができる。

1		2		3		4	
5		6		7		8	

🎓 重要事項マスター

▶ パフ

だ腺染色体
ショウジョウバエやユスリカの幼虫のだ腺の細胞の染色体。通常の染色体に比べて約100〜150倍大きい。

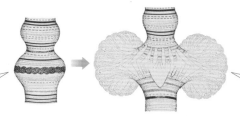

$(^1$ $)$
だ腺の細胞の染色体で観察できる特定の部分のふくらみ。
DNAがほどけ$(^2$ $)$が盛んに行われている。

パフが存在することは，各細胞の染色体にある遺伝子がすべて$(^3$ $)$しているわけではなく，特定の遺伝子のみ，そのDNAが転写・翻訳され，タンパク質が合成されていることを示している。

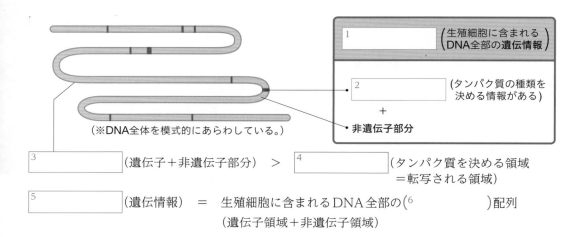

| 1 | 生殖細胞に含まれるDNA全部の遺伝情報 |

| 2 | (タンパク質の種類を決める情報がある) |
＋
非遺伝子部分

（※DNA全体を模式的にあらわしている。）

| 3 | (遺伝子＋非遺伝子部分) > | 4 | (タンパク質を決める領域＝転写される領域) |

| 5 | (遺伝情報) ＝ 生殖細胞に含まれるDNA全部の$(^6$ $)$配列（遺伝子領域＋非遺伝子領域）|

▶ 重要用語チェック

遺伝子の$(^1$ $)$…DNAの遺伝情報にもとづいてタンパク質が合成されること。

細胞の$(^2$ $)$…細胞分裂によって生じた細胞が，それぞれの細胞で特定の形や働きをもつようになること。

📖 Reference　　遺伝子の発現

▶ 転写

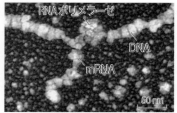

RNAポリメラーゼ
DNA
mRNA
50 nm

RNAを合成する酵素（RNAポリメラーゼ）によって，DNAを鋳型にしてmRNAが合成されている。

▶ 発生に伴うパフの変化

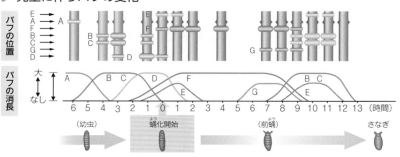

Work ┃ ヒトの遺伝情報（ゲノム・遺伝子・染色体）

ヒトの体細胞の核内には，23対46本の染色体がある。

親から子へと受け継がれるヒトの遺伝情報（ゲノム・遺伝子・染色体）について，下表の空欄を埋めながら確認しよう。

父（生殖細胞）	1
ゲノム	1セット
塩基対数	2
遺伝子数	2万2000
染色体数	23本

母（生殖細胞）	卵
ゲノム	1セット
塩基対数	30億
遺伝子数	3
染色体数	4 本

父からの遺伝情報（設計図）

母からの遺伝情報（設計図）

子の遺伝情報（設計図）

子	体細胞
ゲノム	5 セット
塩基対数	6
遺伝子数	2万2000
染色体数	7 本

2章 遺伝子とその働き

 Exercise

1 ゲノムと遺伝子に関する次の各文章が正しい場合は○を，間違っている場合は×を入れよ。
(1) 長いDNAに飛び飛びに存在する特定の「区画」がゲノムである。
(2) 真核生物のゲノムは，生殖細胞1つに含まれる遺伝情報全体である。
(3) 長い時間をかけてゲノムが少しずつ変化することで生物の進化が起こる。
(4) ゲノムサイズは，遺伝子の数で決まる。
(5) 遺伝子が決めているのはタンパク質の種類である。
(6) DNAはすべて遺伝子でできている。

(1)	(2)	(3)	(4)	(5)	(6)

2 ヒトのゲノムに関する次の各文章が正しい場合には○を，間違っている場合には×を入れよ。
(1) ヒトの体細胞は2組のゲノムをもつ。
(2) ヒトゲノムには，約2万2000個の遺伝子が存在すると考えられている。
(3) ヒトの遺伝子数は，ほかの生物と比べるとかなり多い。
(4) ヒトのゲノムサイズは，ほかの生物と比べるとかなり大きい。
(5) ヒトゲノムを構成するDNAのほとんどが遺伝子部分である。
(6) ヒトゲノムを構成するDNAには，非遺伝子部分が多く含まれる。

(1)	(2)	(3)	(4)	(5)	(6)

章末問題

1 **形質転換** 被膜をもっている肺炎双球菌(S型菌)をマウスに注射するとマウスは死んだが，被膜をもたないR型菌を注射してもマウスは死ななかった。S型菌を100℃で5分間加熱して殺菌したS型死菌ではマウスは死ななかったが，それにR型菌を混ぜてマウスに注射したところ，一部のマウスが死に，死んだマウスからS型菌が検出された。さらにくわしく調べるために，次の①〜⑦の実験を行った。以下の問いに答えよ。

①S型菌から分離した被膜とR型生菌を混合してマウスに注射した。

②S型菌から分離したDNAとR型生菌を混合してマウスに注射した。

③S型菌から分離したタンパク質とR型生菌を混合してマウスに注射した。

④S型菌をすりつぶしてつくった抽出液を，タンパク質分解酵素で処理してからR型生菌を混合してマウスに注射した。

⑤S型死菌にS型菌から分離した被膜およびタンパク質を混合してマウスに注射した。

⑥S型死菌とR型死菌を混合してマウスに注射した。

⑦S型死菌とR型生菌を試験管内で混合して培養した。

(1) 形質転換が起こったと思われる実験の番号をすべて記せ。

(2) マウスあるいは試験管内からR型生菌が検出されると考えられる実験番号をすべて記せ。

(1)		(2)	

2 **塩基の相補性** DNAに関する次の文章を読み，下の問いに答えよ。

遺伝子の本体である(a)<u>DNA</u>は，通常，(b)<u>二重らせん構造</u>をとっている。しかし，例外的ではあるが，(c)<u>1本鎖のDNA</u>も存在する。下の表は，いろいろな生物材料のDNAを解析し，構成要素(構成単位)であるA，G，C，Tの割合を比較したものである。

生物材料	DNA中の塩基の数の割合(%)			
	A	G	C	T
ア	26.6	23.1	22.9	27.4
イ	27.3	22.7	22.8	27.2
ウ	28.9	21.0	21.1	29.0
エ	24.4	24.7	18.4	32.5
オ	24.7	26.0	25.7	23.6

(1) 下線部(a)に関連して，DNAの構成単位の模式図として適当なものを①〜③から，そこに含まれる糖として適当なものを④〜⑥のうちから1つずつ選べ。

①リン酸—塩基—糖　　②塩基—糖—リン酸　　③糖—リン酸—塩基

④グルコース　　⑤リボース　　⑥デオキシリボース

(2) 下線部(b)に関連して，DNAの二重らせんモデルに最も近いものを，次の①〜⑤のうちから1つ選べ。

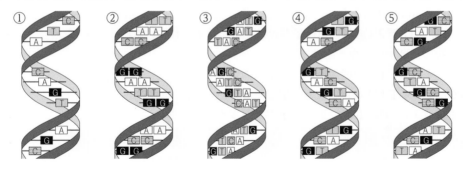

(3) 下線部(c)に関連して，表の生物試料ア〜オの中に1本鎖の構造のDNAをもつものが1つ含まれている。最も適当なものをア〜オの記号で答えよ。

(4) 新しい2本鎖DNAのサンプルaを解析したところ，TがGの2倍量含まれていた。このDNAの推定されるAの数の割合(%)として最も適当な数値を次の①〜⑥のうちから1つ選べ。
　①16.7　　　②20.1　　　③25.0　　　④33.3　　　⑤38.6　　　⑥40.2

(5) 新しい2本鎖DNAのサンプルbを調べたところ，2本鎖DNAの全塩基の30％がAであった。この2本鎖DNAの一方の鎖をX鎖，もう一方の鎖をY鎖としてさらに調べたところ，X鎖の全塩基数の18％がCであった。このとき，Y鎖DNAの全塩基数におけるCの数の占める割合(%)として最も適当な数値を，次の①〜⑥のうちから1つ選べ。
　①12　　　②14　　　③18　　　④20　　　⑤22　　　⑥30

(1)	模式図		糖		(2)		(3)	
(4)		(5)						

3 　**細胞分裂**　細胞分裂に関する次の文章を読み，以下の問いに答えよ。

　細胞は，細胞分裂を行っていない間期の細胞と，分裂を行っている分裂期の細胞にわけることができる。分裂期と間期がくり返されることで細胞は増殖する。下の写真は，タマネギの根端部分を固定後，やわらかくし，染色して，押しつぶし，顕微鏡で観察したときのものである。

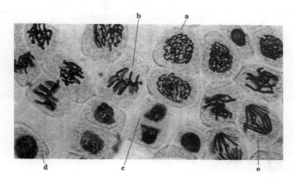

(1) 文中の下線部に関連して，細胞分裂を行う細胞がくり返す間期と分裂期の周期のことを何というか。

(2) 写真の中でa〜eの記号をつけた細胞を，細胞分裂の進行順に並べるとどのようになるか。正しいものを次の中から1つ選んで記号で答えよ。
　ア．d→a→b→c→e　　　イ．d→a→b→e→c　　　ウ．d→b→a→e→c
　エ．d→b→e→a→c　　　オ．d→c→b→e→a　　　カ．d→c→e→b→a

(3) 写真から判断して，全体の細胞数に対する分裂期の細胞の割合はいくらか。最も近い値を次の中から1つ選んで記号で答えよ。
　ア．25％　　　イ．50％　　　ウ．75％　　　エ．100％

(4) a〜eの記号をつけた細胞のうち，DNAを合成中である可能性のある細胞はどれか。1つ選べ。

(5) bの細胞は細胞分裂をしない組織の細胞と比べると何倍のDNAを含んでいるか。

(1)		(2)		(3)		(4)		(5)	

4 DNAとRNA　空欄に適切な語を入れよ。

　核酸にはDNAとRNAの2種類があり，それぞれ構造や働きのうえで違いがある。構成するヌクレオチドについて，DNAとmRNA（伝令RNA）を比較すると，DNAはアデニン，グアニン，シトシン，チミンの4種類であるのに対し，mRNAには（　ア　）がなく，かわりに（　イ　）が使われている。

　したがって，DNAで塩基対となるのはチミンと（　ウ　），グアニンと（　エ　）であるが，転写のときDNAのアデニンにはmRNAでは（　イ　）が結合する。

　また，それぞれのヌクレオチドに使われている糖にも違いがあり，DNAでは（　オ　）なのに対し，mRNAでは（　カ　）である。

　構造上は，DNAは二重らせん構造とよばれるのに対し，mRNAは（　キ　）である。

　RNAには，mRNAのほか，（　ク　）があり，翻訳の際にアミノ酸を運ぶ働きをする。

ア		イ		ウ		エ	
オ		カ		キ		ク	

5 タンパク質合成　下の図は，細胞におけるタンパク質合成の一部を模式的に示したものである。

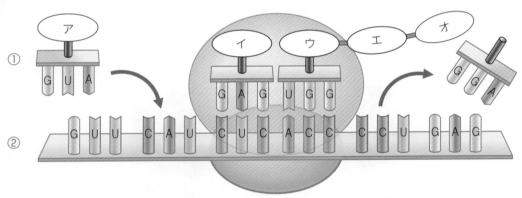

(1)　この過程を何というか。

(2)　ア，イ，ウ…で表された物質は何か。

(3)　(2)の物質は何種類あるか。

(4)　①，②はRNAの1種である。それぞれ何というRNAか。

(1)		(2)		(3)		種類	(4) ①		②	

6 セントラルドグマ　次の文章を読み，下の問いに答えよ。

　図1は，DNAの複製と遺伝情報の流れを模式的に示している。DNAの複製は，体細胞分裂の間期のうち（　ア　）期で行われる。また，Aの過程は（　イ　）とよばれ，RNAが合成される。このRNAを特にmRNAという。

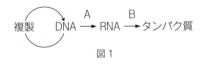

図1

　Bの過程は（　ウ　）とよばれ，RNAの情報をもとにタンパク質が合成される。このとき，（　エ　）個の塩基が1個のアミノ酸を指定し，tRNAによってアミノ酸が1つずつ運ばれる。このように，遺伝情報が一方向に流れるという考え方を（　オ　）という。

(1) （　ア　）に入る語として最も適当
　　なものを次の①～④から１つ選べ。
　　①G₁　②S　③G₂　④M

(2) （　イ　）～（　オ　）に入る適語ま
　　たは数字を答えよ。

(3) 図２はDNAの遺伝情報をもとに
　　タンパク質が合成される過程を示
　　している。カ～シに入る塩基の記
　　号をそれぞれ答えよ。

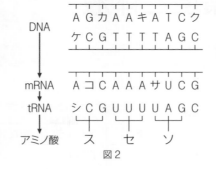

図２

表1　mRNAと対応するアミノ酸
（一例）

塩基	アミノ酸
UUU	フェニルアラニン
UCG, AGC	セリン
UAG	－（終止）
CUU	ロイシン
AAA, AAG	リシン
AUC	イソロイシン

(4) 表1は遺伝暗号表の一部を示している。これをもとに，ス～ソに入るアミノ酸名をそれぞれ答えよ。

(1)		(2)	イ		ウ		エ		オ	
(3)	カ		キ		ク		ケ		コ		サ		シ	
(4)	ス			セ			ソ		

---

7 **ゲノムと遺伝子**　生物の遺伝情報に関する次の文章を読み，下の問いに答えよ。

　遺伝情報を担う物質として，どの生物も (a)DNA をもっている。それぞれの生物がもつ遺伝情報全体を (b)ゲノムとよび，動植物では生殖細胞（配偶子）に含まれる一組の染色体を単位とする。また，DNAの塩基配列の上では，ゲノムは「遺伝子として働く部分」と「遺伝子として働かない部分」から成り立っている。
　(c)ヒトのゲノムは約30億塩基対からなり，遺伝子として働く部分は，(d)ゲノム全体のわずか1.5%程度と推定されており，ゲノム上では遺伝子として働く部分はとびとびにしか存在していない。

(1) 下線部(a)に関連して，DNAを抽出するための生物材料として適当でないものを，①～⑦のうちから
　　１つ選べ。
　　①ニワトリの卵白　　②タマネギの根　　　③アスパラガスの若い茎
　　④バナナの果実　　　⑤ブロッコリーの花芽　⑥サケの精巣　　⑦ブタの肝臓

(2) 下線部(b)に関する記述として適当なものを，次の①～⑦のうちから３つ選べ。
　　①ヒトのどの個々人の間でも，ゲノムの塩基配列は同一である。
　　②個人のゲノムを調べて，病気のかかりやすさや薬の効きやすさを判断する研究が進められている。
　　③受精卵と分化した細胞とでは，ゲノムの塩基配列が著しく異なる。
　　④ゲノムの遺伝情報は，分裂期の前期に２倍になる。
　　⑤ゲノムの遺伝情報は，精子や卵では１組，体細胞では２組ある。
　　⑥ハエのだ腺染色体は，ゲノムの全遺伝子を活発に転写して膨らみ，パフを形成する。
　　⑦神経の細胞と肝臓の細胞とで，ゲノムから発現される遺伝子の種類は大きく異なる。

(3) 下線部(c)に関連して，ヒトの遺伝子数として最も適当なものを，次の①～⑧のうちから１つ選べ。
　　①2,200　　②4,400　　③22,000　　④44,000　　⑤220,000
　　⑤15万　　⑥30万　　⑦150万　　⑧300万

(4) 下線部(d)に関連して，ヒトのゲノム中の個々の遺伝子の翻訳領域の長さは，平均して約何塩基対だ
　　と考えられるか。最も適当なものを，次の①～⑧のうちから１つ選べ。
　　①2千　　②4千　　③2万　　④4万　　⑤15万　　⑥30万　　⑦150万　　⑧300万

(1)		(2)		,		,		(3)		(4)	

12 体内環境と体液

重要事項マスター

▶ 体液の種類

体液の種類	場所	成分
血液	(1)内を流れる	血しょう，赤血球，(2)，(3)
(4)	組織の細胞間を満たす	血しょう
(5)	(6)内を流れる	血しょう，(7)

　　血液の液体成分である血しょうは，毛細血管をつくる細胞のすき間を通って組織へ出て，
(4 　　　　　　)となる。また，(4 　　　　　　)の一部が(6 　　　　　　)に入って(5 　　　　　)
となる。そのため，血しょう，(4 　　　　　)，(5 　　　　　　)の成分は似ている。

▶ 血液の成分とその働き

		形状		大きさ（直径 μm）	存在場所	個数（個／mm³）	おもな働き
有形成分	1	円盤状 2 核	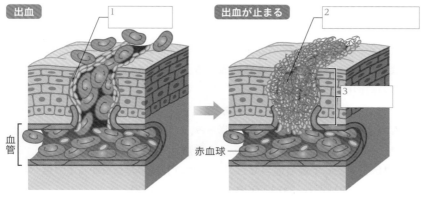	6〜 3	血管内	380万〜550万(男)330万〜480万(女)	4
	5	不定形，球形 6 核		9〜 7	血管内血管外	4000〜9000	8
	9	不定形 10 核		2〜 11	血管内	20万〜40万	12
成分 液体	13	14 （約90%），タンパク質，グルコース（約0.1%），脂質，無機塩類					栄養分・老廃物の運搬，免疫

▶ 血液凝固

出血　1

出血が止まる　2　3

血管

赤血球

　　(1 　　　　　　)などから血液の凝固に関する物質が放出されることで，繊維状のタンパク質である
(2 　　　　　)ができる。これが血球をからめとって(3 　　　　　　)を形成して傷口をふさぐ。この
現象を(4 　　　　　　)という。

▶ 重要用語チェック

(¹   )…からだの状態が生命活動に適した一定の範囲に保たれること。ホメオスタシスともいう。
(²   )…多細胞生物で，多くの細胞が浸っている体内の液体。
(³   )…外界の環境に対し，細胞を浸している(²   )がつくる環境。

✎ Work　　体液と血球

1　右図の血管とリンパ管内に血球の
記号を書き込んで，血液とリンパ
液の成分の違いを表してみよう。
なお血球の記号は，赤血球を赤丸
(○)，白血球を青丸(○)，血小板
を黒三角(△)とする。

2　右図の血管には，血しょうが血管
外に出る外向きの矢印や，組織液
が血管に入る内向きの矢印が書か
れている。同じように，リンパ管の
ところの四角に内向きまたは外向
きの矢印を記入して，リンパ管に
おける体液の流れを表してみよう。

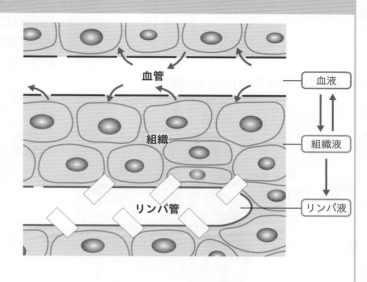

血管 / 組織 / リンパ管

血液 → 組織液 → リンパ液

🧭 Exercise

1　血液の成分に関する次の(1)〜(6)の文は，(A)赤血球，(B)白血球，(C)血小板，(D)血しょうのうちの
どれを説明したものか。あてはまるものを記号ですべて答えよ。

(1)　核をもたない血球である。　　　　　　(2)　液体で，含まれている成分の大部分は水である。
(3)　酸素を運搬する。　　　　　　　　　　(4)　二酸化炭素を運搬する。
(5)　有形成分で，血液の凝固に関係がある。　(6)　体内に侵入した細菌や異物を排除する。

(1)		(2)		(3)	
(4)		(5)		(6)	

2　血液凝固に関する次の(1)〜(4)の文が正しければ○を，間違っていれば×を記入せよ。

(1)　血小板は血液凝固に関する因子を放出する。　　(2)　血小板は核をもつ細胞である。
(3)　フィブリンは，繊維状の物質である。　　　　(4)　血ぺいには血球も含まれる。

(1)		(2)		(3)		(4)	

重要事項マスター

▶ ヒトの循環系

循環系 ──┬─(1　　　　　)──┬─(2　　　　　)…拍動することで，血液を全身に循環させている。
　　　　　│　　　　　　　　└─(3　　　　　)…つくりにより動脈，静脈，毛細血管にわかれる。
　　　　　└─(4　　　　　)──┬─(5　　　　　)…内部をリンパ液が流れる。
　　　　　　　　　　　　　　　└─(6　　　　　)…内部には白血球の一種である(7　　　　　　　)が多
　　　　　　　　　　　　　　　　　　数存在し，免疫に関係している。

▶ ヒトの心臓のつくりと拍動の様子

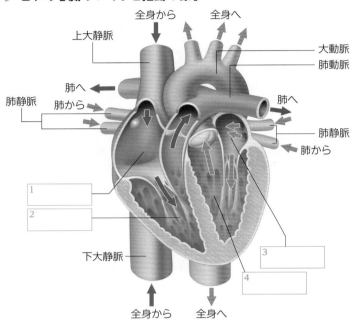

全身から　　全身へ
上大静脈
大動脈
肺動脈
肺へ
肺静脈
肺から
肺静脈
肺から
肺へ
1
2
3
4
下大静脈
全身から　　全身へ

下の枠内に矢印を書き込み，
拍動のようすを確認しよう。

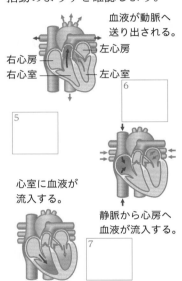

血液が動脈へ
送り出される。
右心房　左心房
右心室　左心室

5
6

心室に血液が
流入する。

静脈から心房へ
血液が流入する。

7

▶ 酸素と二酸化炭素の運搬

(1　　　　　　　)で取り込む ────┐
　　　　　　　　　　　　　　　　　│　　　結合
ヘモグロビン ＋ (2　　　　))─────(3　　　　　　　　)
　　　　　　　　　　　　　　　　　│　　　解離
(4　　　　　　　)に供給される ◄───┘

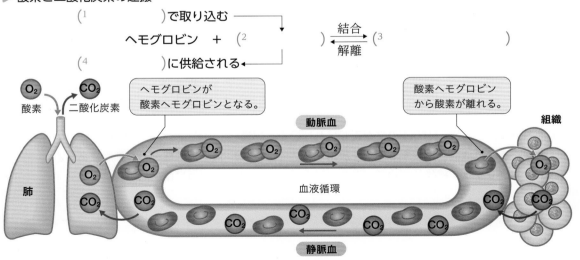

O_2 酸素　CO_2 二酸化炭素

ヘモグロビンが
酸素ヘモグロビンとなる。

酸素ヘモグロビン
から酸素が離れる。

動脈血

組織

血液循環

肺

静脈血

二酸化炭素は(5　　　　　　　　)中に溶け込んで肺に運ばれる。

▶ **重要用語チェック**

(¹　　　　　)…赤血球中に含まれ，酸素の運搬をする赤色のタンパク質。

(²　　　　　)…酸素ヘモグロビンを多く含み，二酸化炭素濃度が低い血液。

(³　　　　　)…酸素ヘモグロビンが少なく，二酸化炭素濃度が高い血液。

✐ Work　　ヒトの循環系

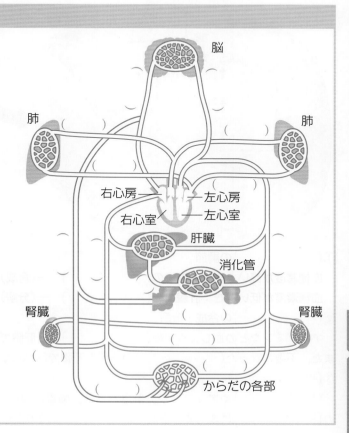

1 右図の血管のうち，肺から出て心臓を通って臓器に至るまでの部分を 赤 ，臓器から心臓を通って肺に至るまでの部分を 青 ，リンパ管を 緑 にそれぞれの体液の流れに従って塗りわけてみよう。

2 図中の（　　）に，体液の流れを矢印→で示してみよう。

3 酸素と二酸化炭素の運搬に関する次の文中（　　）に適切な語句を入れてみよう。

　ヒトの血液循環は，心臓から肺へ行って再び心臓に戻ってくる（ ¹　　　　　 ）と，心臓から出て全身をめぐって再び心臓に戻ってくる（ ²　　　　　 ）がある。

　リンパ管はしだいに合わさって太くなり，首のつけ根近くの（ ³　　　　　 ）に合流する。

図ラベル：脳／肺／肺／右心房／左心房／右心室／左心室／肝臓／消化管／腎臓／腎臓／からだの各部

✎ Exercise

1 酸素と二酸化炭素の運搬に関する次の文章中の①～⑥に適切な語句を入れよ。

　脊椎動物では，血液成分の（ ① ）に含まれる（ ② ）という赤色のタンパク質が酸素を運搬する。（ ② ）は，酸素の多い（ ③ ）で酸素と結合して（ ④ ）となり，酸素の少ない全身の（ ⑤ ）で酸素を解離し，各細胞に酸素を供給する。

　細胞の呼吸によって発生した二酸化炭素は，（ ⑥ ）中に溶け込んで肺に運ばれる。肺では，溶けていた二酸化炭素が気体となって，体外に放出される。

①		②		③	
④		⑤		⑥	

14 体液の調節②

🎓 重要事項マスター

▶ 肝臓

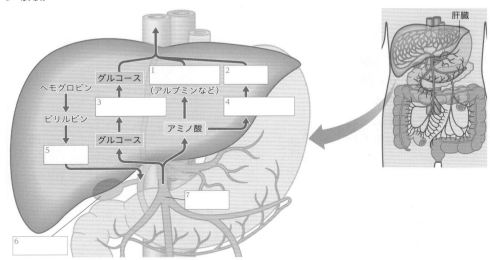

① (⁸　　　　　　) の調節

血糖濃度が高いとき：血液中の (⁹　　　　　　　) ―(合成)→ (³　　　　　　　　) として貯蔵

血糖濃度が低いとき：肝臓中の (³　　　　　　　) ―(分解)→ (⁹　　　　　　　) を血液中に補充

② (¹　　　　　　) の合成・分解

アルブミンなどの血しょう中の (¹　　　　　　) は，肝臓でアミノ酸から合成される。
また，不要になった (¹　　　　　　) の分解も肝臓で行われている。

③ (¹⁰　　　　　　)

(¹　　　　　) やアミノ酸が分解されると，強毒性の (⁴　　　　　) が生じる。肝臓はこれを弱毒性
の (²　　　　　) に変える。また，(¹¹　　　　　) のような有害物質を分解して無害化している。

▶ 腎臓

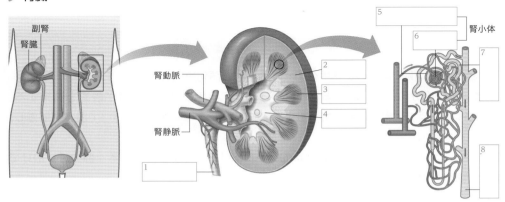

腎臓に入った血液の一部は，血球とタンパク質を除くほとんどの成分が (⁶　　　　　) から
(⁵　　　　　　) へろ過され，(⁹　　　　　　) になる。(⁹　　　　　　) が (⁷　　　　　) や
(⁸　　　　　) を通る過程で，その成分の一部は必要に応じて (¹⁰　　　　　　) へ再吸収され，残りが尿
となる。

▶ 重要用語チェック

(¹   )…ヒトのからだの中で最も大きな臓器。血液中の血糖濃度の調節や，血液中のタンパク質
　　　　　　　　　　　の合成・分解などが行われている。

(²   )…グルコースが多数結合した物質で，(¹   )に蓄えられる。

(³   )…からだの背側に２つある臓器。老廃物を血しょう中から除去すると同時に，体液の水分
　　　　　　　　　　　量や塩類濃度を一定の範囲内に保つ働きがある。

✎ Work　　腎臓の働き

　腎臓は血液の浄化と体液濃度の調節を行っている。これらの働きは血液の「ろ過」と，有用成分の「再吸収」により，腎小体と細尿管において営まれている。

①図中の□はタンパク質，◎は水，△は無機塩類，○は尿素，◇はグルコースである。

　□を 黒 ，△を 赤 ，○を 黄 ，◇を 緑 にぬって，原尿が尿になるようすを確認してみよう。

②図中の枠内に 青 の矢印を書き込んで，ろ過と再吸収が行われる方向を確認してみよう。

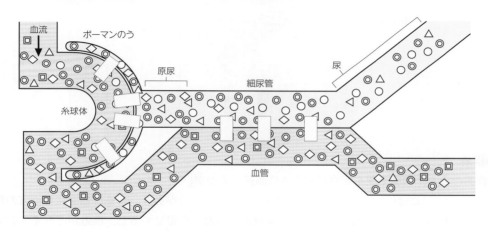

③血液には含まれるが，原尿と尿に含まれないものは何か。… (　　　　　　　　　)

④血液と原尿に含まれて，尿に含まれないものは何か。　… (　　　　　　　　　)

🏃 Exercise

1　肝臓と腎臓の働きに関する次の(1)～(6)の文の中で，正しいものをすべて選び，番号で答えよ。

　(1)　肝臓は，血液中の余剰な栄養分を吸収して貯蔵する。

　(2)　肝臓は，グリコーゲンの分解産物である毒性の強いアンモニアを，毒性の低い尿素にかえる。

　(3)　肝臓でつくられた胆汁は胃に分泌され，脂肪の消化に役立てられる。

　(4)　腎臓は，ヒトの場合，背側に２個存在する。

　(5)　腎臓では，血液中のすべての成分がろ過される。

　(6)　腎臓における再吸収は，ホルモンによって調節されている。

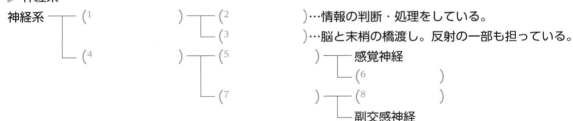

15 自律神経系による情報伝達

🎓 重要事項マスター

▶ 神経系

神経系 ┬ (1   )┬ (2   )…情報の判断・処理をしている。
       │   └ (3   )…脳と末梢の橋渡し。反射の一部も担っている。
       └ (4   )┬ (5   )┬ 感覚神経
                    │   └ (6   )
                    └ (7   )┬ (8   )
                                 └ 副交感神経

▶ 中枢神経系

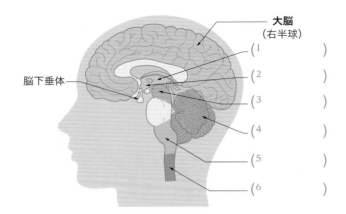

大脳
(右半球)

脳下垂体

(1   )
(2   )
(3   )
(4   )
(5   )
(6   )

▶ 自律神経系

　末梢神経系のうち, 内臓や腺を無意識のうちに調節するのが(1   )である。
　(1   )には(2   )と(3   )があり, 多くの器官には両方の神経が分布している。それらの多くの器官では, 一方の神経がその働きを促進すると, 他方がそれを抑制するというように, (4   )(拮抗的)にその働きが調節されている。
　自律神経系の働きの中枢は, (5   )の(6   )である。

	瞳孔	気管支	心臓の拍動	胃腸の運動	立毛筋	汗腺(発汗)	ぼうこう(排尿)
交感神経	7	8	促進	抑制	11	12	13
副交感神経	縮小	収縮	9	10	—	—	促進

※立毛筋と汗腺には副交感神経がつながっていない。

▶ 重要用語チェック

(1   )…電気信号(興奮)を伝える細胞。ニューロンともいう。
(2   )…多数の神経細胞が集中している部分。
(3   )… (2   )と体の各部を結ぶ神経。
(4   )…内臓や腺を無意識のうちに調節する神経系。
(5   )…運動や緊張したときなどに働く自律神経。
(6   )…休息時などに働く自律神経。
(7   )…間脳の一部。(4   )の働きを調節している中枢。

Work　ヒトの自律神経系

　中枢神経系から自律神経が出る起点（○部分）を，交感神経は 赤 ，副交感神経は 青 でぬって確かめ
てみよう。また，起点から出た自律神経が，どの器官につながっているか確認しよう。

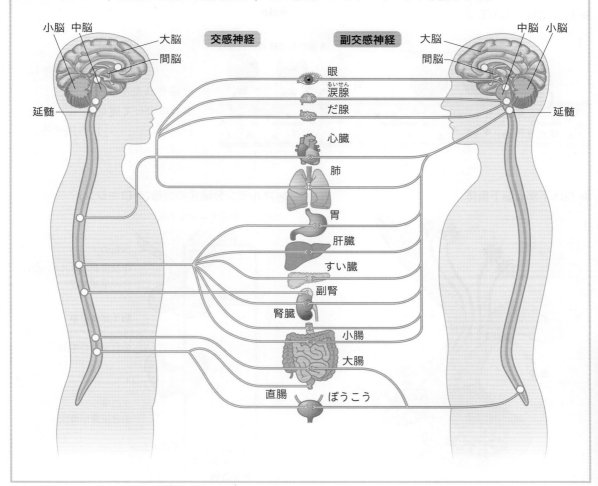

Exercise

1 　自律神経に関する次の文章を読んで，(1)～(2)に答えよ。

　自律神経系を構成する神経には，静かにしているようなときに働いている(A)と活動的な状態のと
きに働いている(B)がある。この2種類の神経は，対抗(拮抗)した働きをすることが多い。すなわち，
一方が促進する働きをすれば，他方は抑制する働きをする。

(1)　(A)と(B)に適する名称を答えよ。

(2)　次の①～⑤の場合，(A)と(B)のどちらの神経が働いているか。(A)または(B)で答えよ。

　　①心臓の拍動数が増加した。　　　②呼吸が激しくなった。　　　　　③瞳孔が大きくなった。
　　④発汗が激しくなった。　　　　　⑤胃液の分泌が盛んになった。

(1)	(A)		(B)		
(2)	①	②	③	④	⑤

内分泌系による調節

▶ 内分泌腺とホルモン

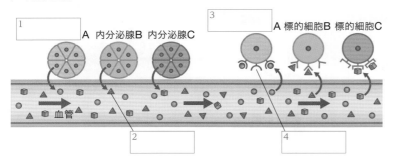

> [1 _____] A 内分泌腺B 内分泌腺C

> [3 _____] A 標的細胞B 標的細胞C

> 血管

> [2 _____]

> [4 _____]

（1　　　　　　　）から血液中に
分泌されたホルモンは
血液によって運ばれ
（3　　　　　　　）に作用する。

▶ 視床下部と脳下垂体

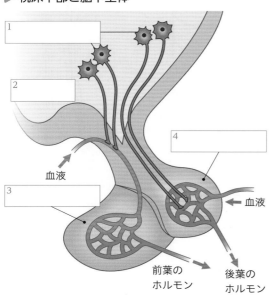

> [1 _____]

> [2 _____]

> [3 _____]

> [4 _____]

血液

血液

前葉の
ホルモン

後葉の
ホルモン

▶ ホルモン分泌量の調節（チロキシン）

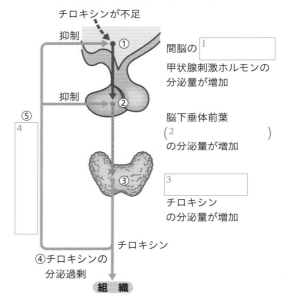

チロキシンが不足

抑制

①

間脳の
[1 _____]
甲状腺刺激ホルモンの
分泌量が増加

抑制

②

脳下垂体前葉
（2　　　　　　　）
の分泌量が増加

⑤

[4 _____]

③

[3 _____]
チロキシン
の分泌量が増加

チロキシン

④チロキシンの
分泌過剰

チロキシン

組　織

▶ ホルモン分泌量の調節（体液濃度）

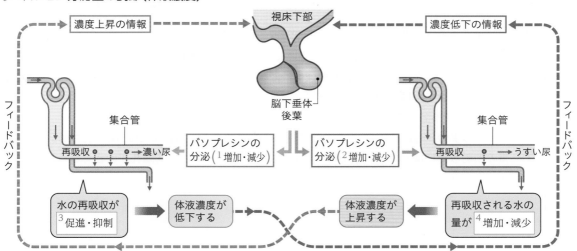

濃度上昇の情報

視床下部

濃度低下の情報

フィードバック

脳下垂体
後葉

フィードバック

集合管

集合管

再吸収　→濃い尿

再吸収　→うすい尿

バソプレシンの
分泌（1 増加・減少）

バソプレシンの
分泌（2 増加・減少）

水の再吸収が
3 促進・抑制

体液濃度が
低下する

体液濃度が
上昇する

再吸収される水の
量が 4 増加・減少

▶ 重要用語チェック

(1　　　　　　　)…体液中に化学物質を放出すること。
(2　　　　　　　)…(1　　　　　　　)を行う器官。
(3　　　　　　　)…(2　　　　　　　)から血液中に分泌され，標的器官(標的細胞)に作用する物質。
(4　　　　　　　)…間脳の一部。自律神経系と内分泌系の働きを調節している中枢。
(5　　　　　　　)…最終的につくられたものが，その前の段階に作用して調節するしくみのこと。

Work　ヒトの内分泌系

　人体図内の内分泌腺部分を 赤 でぬってみよう。そして，赤 にぬった部分と内分泌腺の名称部分の○印とを線を引いて結んでみよう。

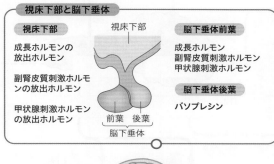

視床下部と脳下垂体

視床下部
成長ホルモンの放出ホルモン

副腎皮質刺激ホルモンの放出ホルモン

甲状腺刺激ホルモンの放出ホルモン

視床下部

前葉　後葉
脳下垂体

脳下垂体前葉
成長ホルモン
副腎皮質刺激ホルモン
甲状腺刺激ホルモン

脳下垂体後葉
バソプレシン

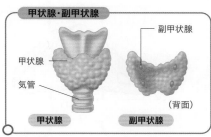

甲状腺・副甲状腺

甲状腺
気管
副甲状腺

(背面)

甲状腺　　**副甲状腺**

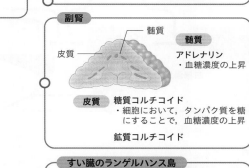

副腎

髄質
皮質

髄質
アドレナリン
・血糖濃度の上昇

皮質 糖質コルチコイド
・細胞において，タンパク質を糖にすることで，血糖濃度の上昇

鉱質コルチコイド

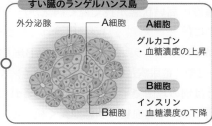

すい臓のランゲルハンス島

外分泌腺
A細胞
B細胞

A細胞
グルカゴン
・血糖濃度の上昇

B細胞
インスリン
・血糖濃度の下降

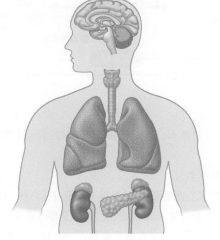

Exercise

1　次の①～⑧のホルモンを分泌する内分泌腺の名称を(ア)～(ケ)のうちから選んで記号で答えよ。

①チロキシン　　　②アドレナリン　　　③バソプレシン　　　④糖質コルチコイド
⑤パラトルモン　　　⑥成長ホルモン　　　⑦インスリン　　　⑧副腎皮質刺激ホルモン

(ア)　視床下部　　　(イ)　脳下垂体前葉
(ウ)　脳下垂体後葉　(エ)　甲状腺　　　　(オ)　副甲状腺
(カ)　副腎髄質　　　(キ)　副腎皮質
(ク)　すい臓のランゲルハンス島A細胞
(ケ)　すい臓のランゲルハンス島B細胞

①		②	
③		④	
⑤		⑥	
⑦		⑧	

3章 ……… ヒトのからだの調節

内分泌系と自律神経系による調節

重要事項マスター

▶ 血糖濃度の調節

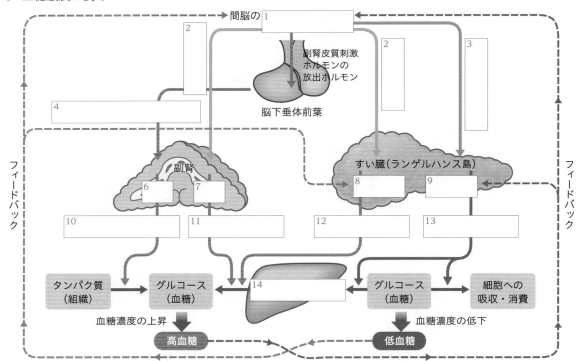

▶ 糖尿病

血糖濃度の高い状態が長く続く病気が(^{1})である。血糖濃度が腎臓の再吸収の能力をこえると，尿中に(^{2})が排出されてしまう。

何らかの原因でランゲルハンス島B細胞が破壊されてインスリンが(^{3})する場合を(^{4} 1型・2型）糖尿病という。標的器官のインスリンに対する感受性が(^{5} 上昇・低下）したり，(^{4} 1型・2型）糖尿病とは別の理由でインスリンが分泌されにくくなったりする場合を(^{6} 1型・2型）糖尿病という。

糖尿病によって高血糖の状態が長く続くと，(^{7})がもろくなり，それにともなって，失明したり，心筋梗塞，腎不全などの命にかかわる病気が引き起こされたりする。

▶ 重要用語チェック

(^{1})…血液中のグルコースのこと。細胞のエネルギー源として重要。

(^{2})…すい臓のランゲルハンス島A細胞から分泌されるホルモン。グリコーゲンの分解を促して血糖濃度を上昇させる。

(^{3})…すい臓のランゲルハンス島B細胞から分泌されるホルモン。血糖濃度を低下させる唯一のホルモン。

(^{4})…血糖濃度の高い状態が長く続く病気。

人工甘味料は砂糖のかわりに菓子や飲料などの食品に用いられている。人工甘味料は，摂取しても消化吸収されなかったり，消化されても糖類以外の物質が生じたりするため，血糖濃度を上昇させないといわれている。

一方，血糖濃度を低下させるインスリンは，実際に糖類が吸収されるより前に，口内で甘みを感じた時点で分泌が始まるといわれている。

人工甘味料を摂取すると，血糖濃度は上昇しないのにインスリンは分泌されてしまう。よって，空腹時に人工甘味料を摂取し過ぎると極度に血糖濃度が低下してしまい，危険な状態になってしまう可能性がある。

人工甘味料を含む食品

✍ Work ┃ 食事前後の血糖濃度とホルモンの分泌

右のグラフは，食事前後のヒトの血液中のインスリン，グルカゴンの濃度と血糖濃度の変化を示したものである。インスリンの変化は○，グルカゴンの変化は△，血糖濃度の変化は◇で示してある。○を 赤 線，△を 青 線，◇を 緑 の線で結んで，インスリン，グルカゴン，血糖濃度の変化のしかたを確かめてみよう。

また，できたグラフを読み取って，食事を何時頃にしたか考えてみよう。

食事をしたのは(¹　　　　　　)時頃

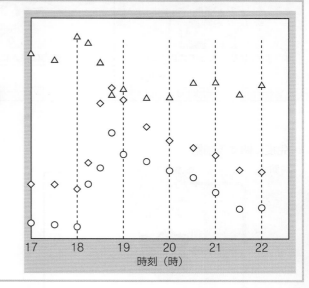

時刻（時）

3章

ヒトのからだの調節

🏹 Exercise

1 血糖濃度の調節に関する次の文章を読んで，以下の問いに答えよ。

血糖濃度が上昇すると(a)がそれを感知し，(b)神経を介してすい臓のランゲルハンス島にある(c)細胞に情報を伝える。この(c)細胞からは，(d)が分泌されて，グルコースの細胞へのとり込みやグリコーゲンの合成を促進し，血糖濃度が低下する。逆に血糖濃度が低下した場合には，(e)神経を介してすい臓のランゲルハンス島の(f)細胞に情報が伝わり，(g)が分泌される。また，(e)神経を介して副腎の髄質にも情報が伝わり，(h)が分泌される。これらのホルモンはグリコーゲンの分解を促進し，血糖濃度を上昇させる。

(1) (a)～(h)に適する語句を記入せよ。(d)，(g)，(h)はホルモン名である。

(2) 血糖濃度を低下させる働きのあるホルモンは何種類あるか。

(3) 下線部の(g)，(h)以外に，血糖濃度を上昇させる働きをもつホルモンの名称を答えよ。

(1) (a)		(b)		(c)		(d)		(e)	
(f)		(g)		(h)		(2)		(3)	

18 生体防御と免疫

重要事項マスター

▶ 3段階の生体防御

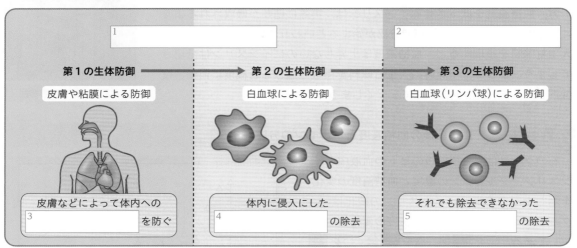

1		2
第1の生体防御 →	第2の生体防御 →	第3の生体防御
皮膚や粘膜による防御	白血球による防御	白血球(リンパ球)による防御
皮膚などによって体内への 3　　　　　を防ぐ	体内に侵入にした 4　　　　　の除去	それでも除去できなかった 5　　　　　の除去

▶ 免疫に関する細胞

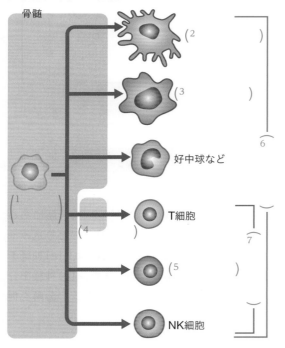

骨髄

(^{1} 　　　)
(^{4} 　　　)
(^{2} 　　　)
(^{3} 　　　)
好中球など
T細胞
(^{5} 　　　)
NK細胞

(^{6} 　　　)
(^{7} 　　　)

免疫で中心的な役割を担うのは(^{6} 　　　　　)である。

免疫に関する細胞は(^{8} 　　　)にある(^{1} 　　　　　)でつくられ,血管やリンパ管を経由して全身を移動する。

リンパ球の中のT細胞は,(^{4} 　　　)で成熟する。

T細胞はその働きにより(^{9} 　　　　　)と(^{10} 　　　　　)に分けられる。

▶ 重要用語チェック

(^{1} 　　　　　)…生物のもつ,病原体などの異物から身を守ろうとする働き。

(^{2} 　　　　　)…病原体などの異物に対する白血球を中心とした(^{1} 　　　　　)のしくみ。

📖 Reference　NK細胞

NK細胞はナチュラルキラー(natural killer)細胞の略称である。

T細胞の一つであるキラーT細胞が働く為には，樹状細胞からの抗原提示を受けて活性化する必要がある。しかしNK細胞はその必要がなく，単独で常に(自然に＝ナチュラルに)活性化状態にあり，細胞傷害性細胞(キラー細胞)として働く。NK細胞はおもにがん細胞や病原体に感染した細胞を攻撃する。

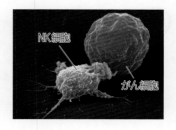

NK細胞　がん細胞

✏️ Work　ヒトの免疫に関係する組織・器官

　人体図内の胸腺，ひ臓，骨髄を 紫 でぬってみよう。そして，紫 色にぬった部分と内分泌腺の名称部分の○印とを線を引いて結んでみよう。

　また，人体図内の血管を 赤 で，リンパ管を 緑 でなぞり，リンパ管の途中にあるリンパ節を 緑 でぬってみよう。そしてそれらと名称部分の○印とを線を引いて結んでみよう。

胸腺
T細胞が成熟する。

血管
好中球などが感染部位へ移動するときの経路となる。

骨髄
骨の中に含まれる海綿状の組織。造血幹細胞がつくられる。

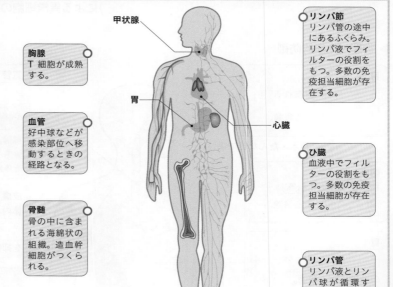

甲状腺
胃
心臓

リンパ節
リンパ管の途中にあるふくらみ。リンパ液でフィルターの役割をもつ。多数の免疫担当細胞が存在する。

ひ臓
血液中でフィルターの役割をもつ。多数の免疫担当細胞が存在する。

リンパ管
リンパ液とリンパ球が循環する。

3章 ……… ヒトのからだの調節

🎯 Exercise

 1 　次の文章を読み，下の問いに答えよ。

　ヒトの生体防御には，いくつかの器官が重要な役割をはたしている。そのうち(ア)では，リンパ球を含むすべての免疫担当細胞がつくられている。リンパ球には，大別してT細胞，B細胞，NK細胞がある。T細胞は(イ)で成熟する。

　リンパ管の途中にある(ウ)や，血液中の病原体などを排除する場となる(エ)は，免疫では，多くの免疫担当細胞が働いている。

(1) 　文中の( )に入る器官の名称を答えよ。

(2) 　右図はヒトにおける生体防御にかかわる器官を模式的に示している。文中の(ア)，(イ)はそれぞれ図のa～fのどれと対応するか。

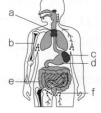
a
b
c
d
e
f

(1)	ア		イ		ウ		エ	
(2)	ア		イ					

(1) ア	イ	ウ	エ
(2) ア	イ		

19 自然免疫のしくみ

▶ 自然免疫

　自然免疫では,異物に対するおおまかな認識と排除が行われており,特定の異物ではなく(^{1}　　　　　)
の異物に対して働く。

自然免疫 ┬ (^{2}　　　　　　　)…からだの表面で異物の侵入を防ぐ。
　　　　 └ (^{3}　　　　　　　)…食細胞が異物をとり込み,酵素によって消化・分解する。
　　　　　　　　 (^{4}　　　　　　　)による異常細胞の排除も自然免疫に含まれる。

▶ 物理・化学的防御

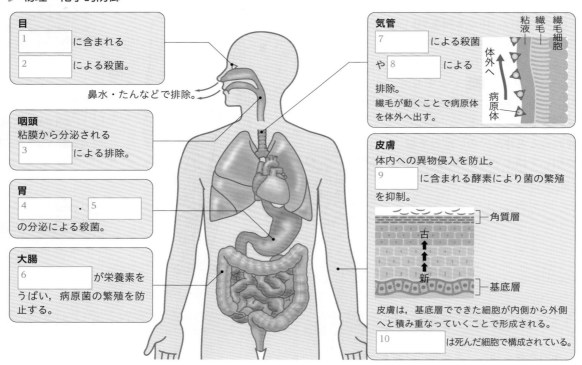

目
1 [　　　] に含まれる
2 [　　　] による殺菌。

鼻水・たんなどで排除。

咽頭
粘膜から分泌される
3 [　　　] による排除。

胃
4 [　　] ・ 5 [　　]
の分泌による殺菌。

大腸
6 [　　　] が栄養素を
うばい,病原菌の繁殖を防
止する。

気管
7 [　　　] による殺菌
や 8 [　　　] による
排除。
繊毛が動くことで病原体
を体外へ出す。

粘液 繊毛 繊毛細胞
体外へ
病原体

皮膚
体内への異物侵入を防止。
9 [　　　] に含まれる酵素により菌の繁殖
を抑制。

角質層
古
新
基底層

皮膚は,基底層でできた細胞が内側から外側
へと積み重なっていくことで形成される。
10 [　　　] は死んだ細胞で構成されている。

▶ 食作用

　物理・化学的防御を破って体内に侵入した異物は,おもに(^{1}　　　　　)によって排除される。(^{1}　　　　　)
とは,樹状細胞やマクロファージ,好中球などの(^{2}　　　　　)が,異物を自らの細胞内にとり込み,細胞
内にある(^{3}　　　)によって分解する働きである。

▶ 重要用語チェック

(^{1}　　　　　　　)…からだの表面で異物の侵入や繁殖を防ぐしくみ。
(^{2}　　　　　　)…侵入した異物をとり込む好中球やマクロファージ,樹状細胞など。
(^{3}　　　　　)…(^{2}　　　　　　)が侵入した異物をとり込み,細胞内にある酵素によって消化・分解す
　　　　　　る働き。

Reference 　皮膚の角質層

皮膚の角質層は死んだ細胞で構成されている。一方，ウイルスは生きた細胞内部に入り込み，細胞の機能を利用して増殖していく。そのため，皮膚の表面を死んだ細胞(角質層)でおおうことは，ウイルスの感染防止に有効な物理的防御になっている。

Work 　物理的防御と食作用

　図内で，物理的防御にあたる部分を 青 に塗って確認しよう。また，マクロファージがとり込んだ異物と，異物が分解されたものを 赤 に塗って，食作用における分解過程を追ってみよう。

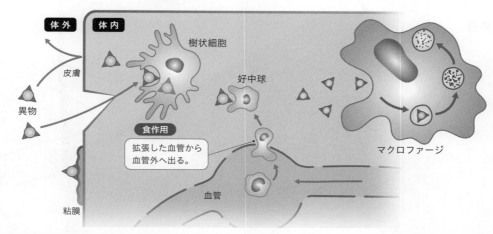

Exercise

1　下の①〜⑥の免疫の働きが行われている場所を，右図の(　)内に番号で書き込んで答えよ。
　①塩酸・酵素の分泌による殺菌。
　②鼻水・たんなどで排除。
　③涙に含まれる酵素による殺菌。
　④粘膜から分泌される粘液による排除。
　⑤汗に含まれる酵素により菌の繁殖を抑制。
　⑥粘液による殺菌。繊毛により排除。

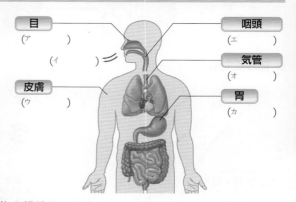

目 (ア　　)
(イ　　)
皮膚 (ウ　　)
咽頭 (エ　　)
気管 (オ　　)
胃 (カ　　)

2　免疫に関する次の各問いに答えよ。
　(1)　物理的防御として，気管では何を動かして異物を排除しているか。
　(2)　化学的防御として，涙に含まれる何によって殺菌を行っているか。
　(3)　体内に侵入した細菌などをとり込み，細胞内で消化・分解することを何というか。
　(4)　(3)における消化・分解は，細胞内の何によって行われているか。
　(5)　(3)を行う白血球の細胞を3つ答えよ。

(1)		(2)		(3)		(4)	
(5)							

20 獲得免疫のしくみ

🎓 **重要事項マスター**

▶ **獲得免疫**

獲得免疫は，(¹   )の異物に対して(²   )に働く。

獲得免疫 ─┬─ (³   )免疫…おもに(⁴   )が自己の細胞を直接攻撃する免疫。
         └─ (⁵   )免疫…体液中の抗原を(⁶   )によって不活性化する免疫。

▶ **細胞性免疫**

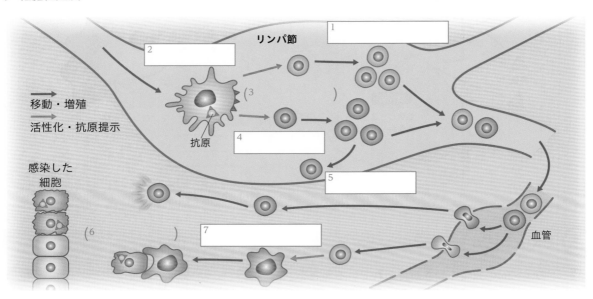

▶ **体液性免疫**

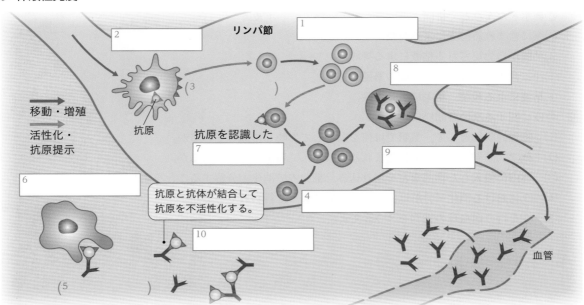

▶ 重要用語チェック

(^{1}　　　　　　)…ウイルス，細菌など，獲得免疫の攻撃対象となるさまざまな異物の総称。

(^{2}　　　　　　)…(^{3}　　　　　　)が(^{1}　　　　　　)の断片を細胞膜表面に示して，ほかの白血球に情報
　　　　　　を伝える働き。

(^{4}　　　　　　)…(^{5}　　　　　　)とよばれるタンパク質でできていて，特定の(^{1}　　　　　　)と特
　　　　　　異的に結合する。

(^{6}　　　　　　)…(^{4}　　　　　　)が(^{1}　　　　　　)と結合すること。

(^{7}　　　　　　)…獲得免疫で活性化したリンパ球の一部が体内に残ったもの。同じ(^{1}　　　　　　)が再
　　　　　　び侵入した際にすみやかに活性化する。

(^{8}　　　　　　)…獲得免疫における，同じ抗原に対して1度目に比べてすみやかに応答する免疫反応。

Work　二次応答

　同じ抗原が侵入したとき
につくられる抗体の量を，1
度目の抗原侵入のとき(一次
応答)と，2度目の抗原侵入
のとき(二次応答)にわけて
まとめて，図中のグラフを
完成させよう。

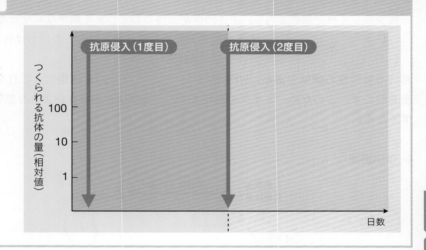

Exercise

1　免疫に関する次の文を読み，各問いに答えよ。

　　白血球の仲間の_A_(ア)は，体内に異物が侵入すると(イ)となって(ウ)とよばれるタンパク質をつく
り出す。このときの異物を(エ)とよぶ。_B_(ウ)は(エ)に特異的に結合して，無毒化する働きをもつ。か
らだを病原体などから守るこのようなしくみを免疫という。

(1)　文中のア〜エに適切な語句を入れよ。

(2)　下線部Aのような免疫のしくみを何というか。

(3)　下線部Bの反応を何というか。

(4)　免疫に関する記述として誤っているものを，次の①〜④のうちから1つ選べ。

　　①細胞性免疫でも体液性免疫でも，樹状細胞がヘルパー T 細胞に抗原提示を行う。

　　②細胞性免疫では，NK 細胞が抗原に感染した細胞を破壊する。

　　③体液性免疫では，抗体が抗原と結合して，抗原を不活性化する。

　　④他人からの臓器移植が難しいのは，免疫により拒絶反応が起こるからである。

(1)	ア		イ		ウ		エ
(2)		(3)		(4)			

21 免疫と疾患

🎓 **重要事項マスター**

▶ アレルギー

　免疫が(1　　　　　　　　)に反応することで，からだが不都合な状態に陥る症状を(2　　　　　　　　)という。(2　　　　　　　　)を引き起こす抗原を総称して(3　　　　　　　)とよぶ。(3　　　　　　　)となり得る物質は，花粉やダニ，塵や薬剤，卵や乳製品など多種多様であり，個人によって異なる。たとえば，花粉がアレルゲンとなって起こる(4　　　　　　　　)は，からだが花粉へ(1　　　　　　　)に反応して，くしゃみや鼻水，目のかゆみなどを引き起こす。

▶ 免疫不全と後天性免疫不全症候群（AIDS）

　免疫のしくみが阻害されて，生体防御が全体としてうまく働かなくなった状態を(1　　　　　　　)という。(1　　　　　　　)は，大きくは先天性のものと後天性のものにわけられる。
　(2　　　　　　　　　)（AIDS）は，(3　　　　　　　　　　　)（HIV）の感染によって起こる後天性の病気である。HIVが(4　　　　　　　)に感染し，これを破壊することによって免疫不全を起こす。このため，エイズを発症すると，通常はかからないような感染症（日和見感染症）にかかりやすくなる。

▶ 予防接種

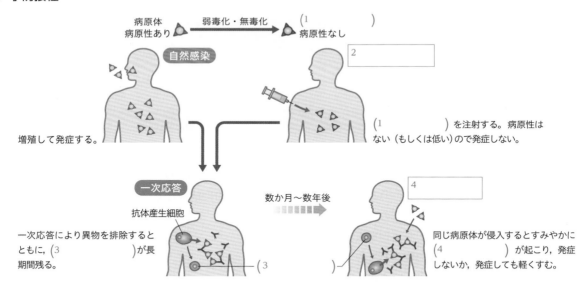

▶ 血清療法

①動物に少量の病原体や毒素を継続的に注射することで，多量の(1　　　　　　　)をつくらせる。

②動物から血液を採取して放置すると血液凝固が起こる。血ぺいができて沈殿したあとの上澄みを(2　　　　　　)といい，多量の(1　　　　　　　)が含まれている。

③この(1　　　　　　)を動物の(2　　　　　　)ごとヒトに注射して行う治療が(3　　　　　　　　)である。

▶ 重要用語チェック

(¹　　　　　　　)…免疫が過剰に反応することで，からだが不都合な状態に陥る症状のこと。
(²　　　　　　　)…免疫のしくみが阻害されて，生体防御が全体としてうまく働かなくなった状態。
(³　　　　　　　)…(⁴　　　　　　　)を注射して記憶細胞をつくらせることで人為的に獲得免疫を強化する
　　　　　　　　　方法。
(⁵　　　　　　　)…(⁶　　　　　　　)を含む血清を注射することで行う治療方法。

Work　　ABO式血液型

　　ヒトのABO式血液型は，赤血球の表面に存在する凝集原の種類によって決められている。凝集原はAとBの2種類が存在する。また，血しょう中に存在する凝集素はαとβの2種類が存在する。
　　凝集原は抗原，凝集素は抗体に相当するので，形が合うものどうしで結合し，血液は凝集（塊になって沈殿）する。この反応は免疫反応ではないが，抗原抗体反応に類似したものである。

血液型	A型	B型	AB型	O型
凝集原 （赤血球の表面）	○—凝集原A（赤血球）	△—凝集原B	▷◁—B ○—A	なし
凝集素 （血清中）	β	α	なし	α　　β

①上表内の凝集原Aと凝集素αを 赤 で，凝集原Bと凝集素βを 青 で塗ってみよう。
②下表の空白部に，輸血できる場合は○を，できない場合は×を記入しよう。なお，血液提供者からの凝集素は少量であり，無視できるものとする。

		輸血される人			
		A型（凝集素β）	B型（凝集素α）	AB型（凝集素なし）	O型（凝集素α・β）
血液提供者	A型（凝集原A）	○			
	B型（凝集原B）	×			
	AB型（凝集原A・B）	×			
	O型（凝集原なし）	○			

Exercise

1　免疫と疾患に関する，次の各問いに答えよ。
(1) 免疫が過剰に反応することで，からだが不都合な状態に陥る症状のことを何というか。
(2) エイズを発症すると，通常はかからないような感染症にかかりやすくなる。このような感染症を何というか。
(3) 病気を予防するために注射するのは，ワクチンと血清のどちらか。
(4) ハブなどの毒ヘビに噛まれたときの治療などに用いられるのは，ワクチンと血清のどちらか。

(1)		(2)		(3)		(4)	

章末問題

1　ヒトの血液　ヒトの血液には有形成分として，赤血球，白血球，血小板が含まれている。このうち，有核なのは（　ア　）である。酸素の運搬には赤血球に含まれる（　イ　）というタンパク質が関与している。（　イ　）は酸素濃度が高く，（　ウ　）濃度が低い（　エ　）で酸素と結合しやすい。白血球には，リンパ球などがあり，からだを守る（　オ　）という働きに関係する。出血すると，血小板から血液凝固に関する物質が放出され，繊維状の物質である（　カ　）ができ，血ぺいとなり，傷口をふさぐ。

液体成分である血しょうは，毛細血管では血管外に出て，細胞どうしの間を流れる（　キ　）となる。また，その一部はリンパ管に入り，（　ク　）となる。

(1)　空欄に適切な語を入れよ。

(2)　血液の細胞成分のうち，通常は血管外に出ないものは何か。2つあげよ。

(3)　赤血球，白血球，血小板などの有形成分は，からだのどこでつくられるか。

(1)	ア		イ		ウ		エ	
	オ		カ		キ		ク	
(2)					(3)			

2　ヒトのからだの調節　生物の体内環境の維持に関する次の文章を読み，下の問いに答えよ。

ヒトのからだを取り巻く外部環境は常に変化しているが，生体内部の細胞を取り巻く体液は，安定に保たれている。体液は細胞にとっての環境と考えることができ，これを（　ア　）とよぶ。（　ア　）は，免疫系，自律神経系，および(a)内分泌系により調節され，安定に保たれている。

(1)　（　ア　）に入る適切な語を答えよ。

(2)　（　ア　）が生命活動に適した一定の範囲に保たれることを何というか。

(3)　健康なヒトにおける赤血球数，および血糖濃度の値の組合せとして最も適当なものを，次の①～④のうちから1つ選べ。

	赤血球数 （個／mm³）	血糖濃度 （%）
①	50万	0.01
②	50万	0.1
③	500万	0.01
④	500万	0.1

(4)　下線部(a)に関連して，ヒトの腎臓における水の再吸収を促進するホルモン（イ）と，そのホルモンを分泌する内分泌器官の名称（ウ）の組合せとして最も適当なものを，次の①～④のうちから1つ選べ。

	ホルモン	内分泌器官
①	パラトルモン	脳下垂体後葉
②	バソプレシン	脳下垂体後葉
③	パラトルモン	副甲状腺
④	バソプレシン	副甲状腺

(1)		(2)		(3)		(4)	

3 **腎臓のはたらき** 腎臓に関する次の文章を読み，下の問いに答えよ。

　腎臓は血液中の老廃物や水分の排出を調節することにより，体液の濃度を調節している。腎臓に入った血液は，毛細血管が球状にからみあった（　ア　）を流れるときに，液体成分が（　イ　）にろ過される。このろ過された液体を原尿という。原尿に含まれた有用成分は，（　ウ　）や（　エ　）を流れる間に毛細血管に再吸収され，残りが尿となる。

(1) 空欄に適切な語を入れよ。ただし，用語は図に示した名称と一致している。

(2) 腎臓で次のような性質を示すのは，《物質名》に挙げる物質のうち，どれか。

　a：ろ過されず，原尿にも尿にも含まれない。

　b：すべてろ過され原尿中に出るが，そのすべてが再吸収され，尿には含まれない。

　c：すべてろ過され原尿中に出て，再吸収されるものも少なく，ほとんどが尿として排出される。

　《物質名》　グルコース，ナトリウム，尿素，タンパク質

(1)	ア	イ	ウ	エ
(2)	a	b	c	

4 次の文章を読み，下の問いに答えよ。

　ヒトの内部環境の恒常性には，(a)自律神経系により調節されているものや，ホルモンにより調節されているものがある。また，(b)体温の調節や血糖濃度の調節などのように，自律神経系とホルモンが協調的に働いている場合もある。

(1) 下線部(a)に関する記述として最も適当なものを，次の①〜⑥のうちから1つ選べ。

　①自律神経系は，感覚器官や骨格筋を支配する末梢神経系である。

　②自律神経系の主たる中枢は，小脳である。

　③交感神経は，中脳および延髄から出る。

　④交感神経の活動は，緊張時や運動時に高まっている。

　⑤副交感神経は，すべての器官の働きを抑制する。

　⑥交感神経が分布している器官には副交感神経は分布していない。

(2) 下線部(b)に関連して，体温が低下したときの体温調節に関する記述として最も適当なものを，次の①〜⑤のうちから1つ選べ。

　①副腎髄質から糖質コルチコイドが分泌され，心臓の拍動を促進して，血液の熱を全身に伝える。

　②副腎皮質からアドレナリンが分泌され，心臓の拍動を促進して，血液の熱を全身に伝える。

　③脳下垂体後葉から甲状腺刺激ホルモンが分泌され，肝臓や筋肉の活動を促進する。

　④皮膚の血管に分布している交感神経が興奮して，皮膚の血管が収縮する。

　⑤立毛筋に分布している副交感神経が興奮して，立毛筋が収縮する。

(1)		(2)	

5 **血糖濃度の調節**　次の図は，血糖濃度を調節するホルモンが分泌される過程を示したものである。以下の問いに答えよ。

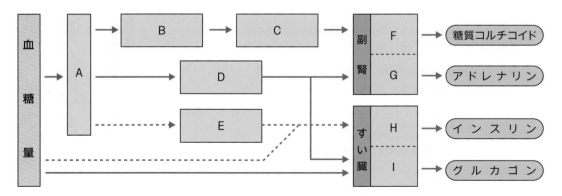

(1) 図のAは，血糖濃度の調節に関する中枢である。その名称を答えよ。

(2) 図のBは，内分泌腺である。その名称を答えよ。

(3) 図のCは，Bから分泌されるホルモンである。その名称を答えよ。

(4) 図のDとEは，自律神経である。その名称を答えよ。

(5) 図のFとGは，副腎の部分の名称である。それらを答えよ。

(6) 図のHとIは，細胞である。それらが存在する部分を何というか。名称を答えよ。

(7) 図のHとIの細胞の名称を答えよ。

(8) 図中に示された糖質コルチコイド，アドレナリン，インスリン，グルカゴンを，血糖濃度を下降させるホルモンと上昇させるホルモンに分けてすべて答えよ。

(1)		(2)		(3)	
(4) D	E		(5) F		G
(6)			(7) H		I
(8) 下降：	上昇：				

6 **生体防御**　次の(1)〜(6)の文章は，下の①〜③の防御機構のうちのどれと関係が深いか。最も適当なものを1つずつ選べ。

(1) すり傷を負った部分を消毒せずに放置したところ，化膿して膿がたまった。

(2) 涙や鼻汁に含まれる酵素は炎症を防ぎ，消毒の効果がある。

(3) 胃の中の胃液は強い酸性を示す。

(4) はしかに一度感染すると，通常は二度と感染しない。

(5) 気管に入った異物は粘液やたんによって排除される。

(6) スギ花粉の侵入で，くしゃみや充血が起こる。

　　　①物理的・化学的防御　　　②自然免疫による防御　　　③獲得免疫による防御

(1)		(2)		(3)		(4)		(5)		(6)	

7 免疫 免疫反応には，体液性免疫と細胞性免疫とがある。

　体液性免疫では樹状細胞から抗原の情報を認識したヘルパーＴ細胞がＢ細胞を刺激する。活性化したＢ細胞は（　ア　）になり，多量の抗体をつくり，抗原を不活性化する。その後，一部のＢ細胞は（　イ　）として体内に残る。

　細胞性免疫では樹状細胞から抗原の情報を認識したヘルパーＴ細胞と（　ウ　）が活性化する。ヘルパーＴ細胞はマクロファージを刺激する。増殖した（　ウ　）は抗原に感染した細胞を破壊する。

(1)　空欄に適切な語を入れよ。

(2)　体液性免疫で抗体となるのは何というタンパク質か。

(3)　体液性免疫で二度目に同じ抗原が侵入したとき，短時間で抗体がつくられる現象を何というか。

(4)　細胞性免疫で，移植された臓器が非自己と認識されて排除される現象を何というか。

(1) ア		イ		ウ	
(2)		(3)		(4)	

8 免疫と疾患 図は，ヒトの抗体産生のしくみついて模式的に表したものである。次の問いに答えよ。

　抗原が体内に入ると，細胞xが抗原をとり込んで，抗原情報を細胞yに伝える。それを受けて，細胞yは細胞zを活性化し，抗体産生細胞へと分化させる。こ

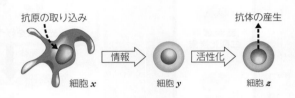

のような免疫応答は健康を保つために不可欠な反応であるが，時として過剰な応答が起こる場合や，逆に必要な応答が起こらない場合がある。免疫機能の異常に関連した疾患の例として，アレルギーや後天性免疫不全症候群(エイズ)がある。

(1)　細胞x，yおよびzに関する次の記述のうち，正しい記述を過不足なく含むものを，下の①～⑨のうちから１つ選べ。

　ア　細胞x，yおよびzは，いずれもリンパ球である。

　イ　細胞xはフィブリンを分泌し，傷口をふさぐ。

　ウ　細胞yは体液性免疫にかかわるが，細胞性免疫にはかかわらない。

　エ　細胞zはＢ細胞であり，免疫グロブリンを産生するようになる。

　①ア　　　　　②イ　　　　　③ウ　　　　　④エ　　　　　⑤ア，ウ

　⑥ア，エ　　　⑦イ，ウ　　　⑧イ，エ　　　⑨ウ，エ

(2)　下線部に関する記述として誤っているものを，次の①～⑤のうちから１つ選べ。

　①アレルギーの例として，花粉症がある。

　②ハチ毒などが原因で起こる急性のショック(アナフィラキシーショック)は，アレルギーの一種である。

　③栄養素を豊富に含む食物でも，アレルギーを引き起こす場合がある。

　④エイズのウイルス(ヒト免疫不全ウイルス，HIV)は，Ｂ細胞に感染することによって免疫機能を低下させる。

　⑤エイズの患者は，日和見感染を起こしやすくなる。

22 生態系と植生

🎓 重要事項マスター

▶ 生態系

生物をとり巻く環境は，大きく2つにわけることができる。1つは，光，温度，大気，水，土壌，栄養塩類などからなる(^{1}　　　　　　　)である。もう1つは，その生物をとり巻く多種多様な生物からなる(^{2}　　　　　)である。

ある地域に生息するすべての生物と，それらをとり巻く環境を1つのまとまりとして捉えたものを(^{3}　　　　)という。

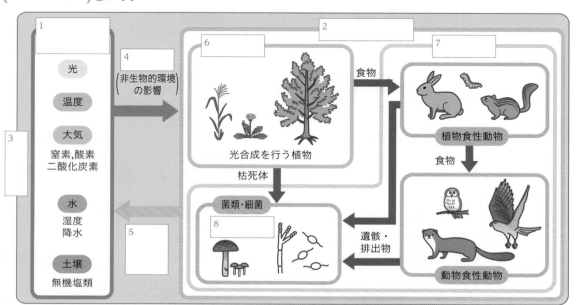

▶ 植生

ある場所に生育する植物の集まりを(^{1}　　　　　)という。また，(^{1}　　　　　)を構成する種のうち，最も広く地面をおおっている植物を(^{2}　　　　　)という。(^{1}　　　　　)の外観は(^{3}　　　　　)とよばれ，(^{3}　　　　)はおもに(^{2}　　　　　)によって特徴づけられる。(^{1}　　　　　)は(^{3}　　　　)によって(^{4}　　　　)・(^{5}　　　　　)・(^{6}　　　　　)にわけられる。

▶ 重要用語チェック

(^{1}　　　　　)…ある地域に生息するすべての生物と，それらをとり巻く環境を1つのまとまりとして捉えたもの。

(^{2}　　　　　)…生物が，非生物的環境から受けるさまざまな影響。

(^{3}　　　　　)…生物が非生物的環境に与えるさまざまな影響。

(^{4}　　　　　)…ある場所に生育する植物の集まり。

(^{5}　　　　　)…おもに(^{6}　　　　　)によって特徴づけられる(^{4}　　　　　)の外観。

58

Reference　里山の生態系を構成する生物

カタクリ	イネ	アケビコノハ（幼虫）
コナラ	クリ	リス	オオタカ	マツタケ

生産者	消費者	分解者

 Work　植生

以下の写真は森林・草原・荒原のいずれか。正しいものを記入しなさい。

A （　　　　　）

B （　　　　　）

C （　　　　　）

Exercise

1 生態系の構成に関する下の文の内容が正しければ〇，誤っていれば×を書きなさい。

a　生態系は生産者と消費者でできている。

b　植物の落葉が，養分豊富な土壌を形成することは，環境形成作用にあたる。

c　生物が有機物を分解することでできた無機物は，再び生物に利用されることはない。

d　生物は非生物的環境の影響を受けるが，生物も非生物的環境を変化させている。

e　菌類や細菌などの分解者は，消費者の一部ととらえることができる。

a		b		c		d		e	

2 次の植生は，森林・草原・荒原のうちどれか。

ア　河原の周辺に存在するススキが優占する植生

イ　里山のようなコナラが優占する植生

ア		イ	

重要事項マスター

▶ 植生の階層構造

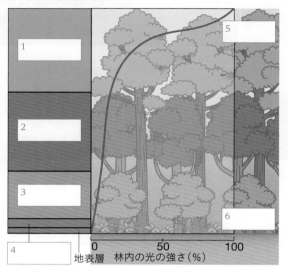

1. ☐
2. ☐
3. ☐
4. ☐
5. ☐
6. ☐

地表層　林内の光の強さ(%)

▶ 光の強さと光合成

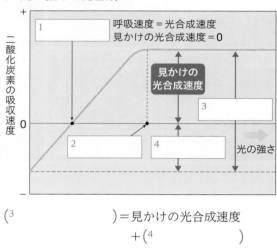

呼吸速度＝光合成速度
見かけの光合成速度＝0

1. ☐
2. ☐
3. ☐
4. ☐

見かけの光合成速度

光の強さ

二酸化炭素の吸収速度

$(^3$　　　　　) ＝ 見かけの光合成速度
　　　　　＋ $(^4$　　　　　)

▶ 植生と土壌

発達した土壌は有機物に富み，すきまの多い $(^1$　　　　) がみられる。

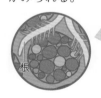
根

$(^2$　　　　　) の土壌
腐植という有機物に富んだ層が発達

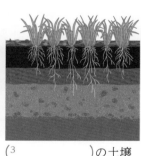
$(^3$　　　　　) の土壌

$(^4$　　　　　) の土壌
腐植に富んだ土壌はほとんど形成されない

▶ 重要用語チェック

$(^1$　　　　　)…森林の内部で，高木や低木などの枝や葉が層状に分布する構造。
$(^2$　　　　　)…日なたでよく生育する植物。
$(^3$　　　　　)…森林の林床のような光の弱い環境で生育する植物。
$(^4$　　　　　)…単位時間あたりの，光合成による CO_2 吸収量。
$(^5$　　　　　)…単位時間あたりの，呼吸による CO_2 放出量。
$(^6$　　　　　)…$(^4$　　　　　) と $(^5$　　　　　) がつりあって，CO_2 の出入りがないような状態になったときの光の強さ。
$(^7$　　　　　)…光の強さが増しても，CO_2 吸収速度がそれ以上増加しなくなるときの光の強さ。

Reference　身近にみられる陽生植物と陰生植物

陽生植物	陰生植物

タンポポ　　　ススキ　　　アカマツ　　　ベニシダ　　　スダジイ

Work　　光の強さと光合成

次のグラフ中の矢印のうち，光合成速度を 緑 に，見かけの光合成速度を 青 に，呼吸速度を 黄 に，ぬりわけてみよう。

また，以下の問いに答えよ。

(1)　光合成による単位時間あたりの二酸化炭素の吸収量を何というか。

(2)　呼吸による単位時間あたりの二酸化炭素の放出量を何というか。

(3)　A・Bのように，(1)と(2)が等しくなる光の強さを何というか。

(4)　C・Dのように，(1)がそれ以上増加しなくなるときの光の強さを何というか。

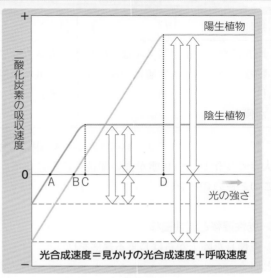

光合成速度＝見かけの光合成速度＋呼吸速度

(1)		(2)		(3)		(4)	

Exercise

1　植物の特徴を示す下のa～jを，Workのグラフも参考にして，陽生植物のものと陰生植物のものにわけて解答欄に記入しなさい。

a　日なたでよく成長する。　　　b　弱い光のもとでも生育できる。

c　光補償点が低い。　　　　　　d　呼吸速度が大きい。

e　光飽和点が高い。　　　　　　f　日かげを好む植物である。

g　呼吸速度が比較的小さい。　　h　強い光のもとで光合成速度が大きい。

i　光補償点が高い。　　　　　　j　光飽和点が低い。

陽生植物		陰生植物	

2　森林の土壌の特徴として当てはまるものは次のうちどれか。記号で答えよ。

ア　落葉・落枝が多いので，腐植という有機物に富んだ土壌が発達する。

イ　腐植に富んだ土壌はほとんどなく，団粒構造も発達しない。

ウ　団粒構造が発達するため，土壌は通気性が悪く，植物が育ちにくい。

4章　生物の多様性と生態系

24 遷移のしくみ

重要事項マスター

▶ 植生の遷移

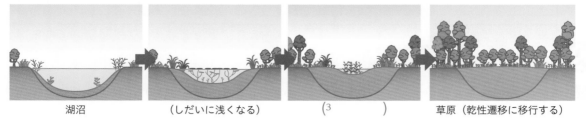

陽樹 ——　　—— 陰樹

土壌

裸地・荒原	(2　　　　)	(3　　　　)	(4　　　　)	(6　　　　)	(8　　　　)
地衣類やコケ植物などの (1　　　　) が侵入	ススキなどの草本植物が優占する。	アカメガシワなどの低木が侵入する。	アカマツやコナラなどの (5　　　　) が優占する。	林床が暗いため, (7　　　　) の幼木が生育する。	スダジイやタブノキなどの (7　　　　) が優占する。

(8　　　　　　　)では，林床が暗いため陽樹は生育できないが，陰樹の幼木は生育できるため，構成種が大きく変化しない状態が長い間続くことになる。この状態を(9　　　　　　)（クライマックス）といい，このときの森林を(10　　　　　)という。

▶ 乾性遷移と湿性遷移

乾燥した陸上からはじまる遷移を(1　　　　　　)といい,湖沼などからはじまる遷移を(2　　　　　　)という。

湿性遷移

湖沼　　　　（しだいに浅くなる）　　　（3　　　　）　　　草原（乾性遷移に移行する）

▶ 重要用語チェック

(1　　　　　　)…火山噴火などでできた溶岩のように，植物も土壌もないところからはじまる遷移。
(2　　　　　　)…以前の植生がつくった土壌や種子などが残っているところからはじまる遷移。
　　　　(1　　　　　　)に比べて，(3　　　　　　)で極相に達する。この遷移で生じた森林を(4　　　　　　)という。
(5　　　　　　)…台風や伐採などによって森林が部分的に破壊されてできた明るい空間。

Reference | 一次遷移の観察（三宅島）

三宅島では，噴出した時代のわかっている岩石の上に植生が分布しているので，植生がどのように遷移していくかを推定することができる。

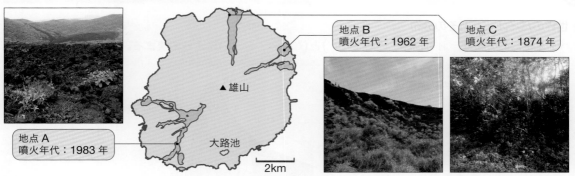

地点B
噴火年代：1962年

地点C
噴火年代：1874年

▲雄山

大路池

地点A
噴火年代：1983年

2km

 Work | 植生の遷移

火山噴火などでできた裸地から極相林になるまでの遷移の過程を，順番通りに並べ，適した絵を切り取って貼ろう。また，陽樹は赤，陰樹は青で色をぬろう。

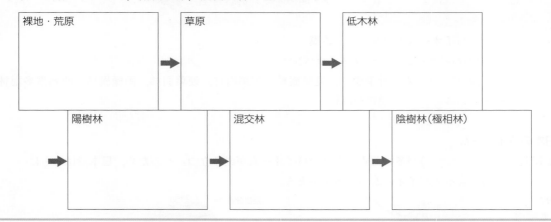

裸地・荒原 ➡ 草原 ➡ 低木林

陽樹林 ➡ 混交林 ➡ 陰樹林（極相林）

Exercise

1　下の枠内は裸地からはじまる乾性遷移の経過を示したものである。(1)～(4)の各問いに答えよ。

> 裸地 ⇨ … ⇨ 草原 ⇨ （ A ） ⇨ （ B ） ⇨ 移行期の混交林 ⇨ （ C ）

(1) A，B，Cにあてはまる森林の名称を答えよ。
(2) 裸地に侵入した植物の遺体の蓄積や，砂れきの風化で形成されるものは何か。
(3) （C）の林は遷移の最終段階で，それ以上進まないようにみえる状態になる。このような状態になった林を何というか。
(4) 台風，病気などで大木が倒れて林冠にできる空間を何というか。

(1) A		B		C	
(2)		(3)		(4)	

重要事項マスター

▶ 世界のバイオームとその分布

バイオームの分布は，おもに(¹　　　　　)と(²　　　　　)によって決まる。

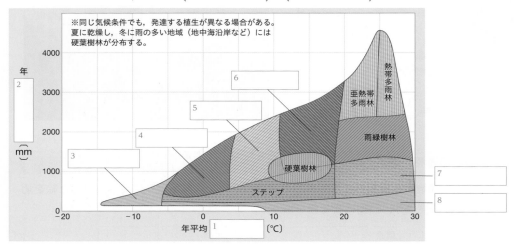

※同じ気候条件でも，発達する植生が異なる場合がある。
夏に乾燥し，冬に雨の多い地域（地中海沿岸など）には
硬葉樹林が分布する。

年平均(¹　　)(℃)

(⁹　　　　　)のバイオーム：ツンドラ，砂漠

(¹⁰　　　　　)のバイオーム：ステップ，サバンナ

(¹¹　　　　　)のバイオーム：針葉樹林，夏緑樹林，照葉樹林，硬葉樹林，雨緑樹林，亜熱帯多雨林，
　　　　　　　　熱帯多雨林

▶ 日本のバイオーム

日本は，(¹　　　　　)が多いため，森林のバイオームが成り立つ。そのため，日本ではおもに
(²　　　　　)によってバイオームの分布が決まる。

水平分布

- 針葉樹林
- 夏緑樹林
- 照葉樹林
- 亜熱帯多雨林

垂直分布

- 高山帯
- 2400m ——森林限界
- 亜高山帯（針葉樹林）
- 1500m
- 山地帯（夏緑樹林）
- 600m
- 丘陵帯（照葉樹林）

高山帯		富士山	穂高岳 3000		旭岳	
亜高山帯	宮之浦岳	高隈山		森林限界		2000 (m)
山地帯	（屋久島）					1000
丘陵帯						
亜熱帯多雨林		照葉樹林		夏緑樹林		針葉樹林

▶ 重要用語チェック

(¹　　　　　)…植生と，そこに生息する生物の集まり。

(²　　　　　)…緯度に対応した水平方向のバイオームの分布。

(³　　　　　)…標高に応じて垂直的に変化する，垂直方向のバイオームの分布。

Reference 日本のバイオーム

針葉樹林(北海道)

夏緑樹林(青森)

照葉樹林(宮崎)

亜熱帯多雨林(沖縄)

←寒い地域　　　　　　　　　　　　　　　　　　　　　　　　暖かい地域→

Work　バイオームの分布

(1) 右の図のうち，荒原のバイオームを 青 で，草原のバイオームを 赤 で，森林のバイオームを 緑 でそれぞれ塗りなさい。

(2) 横軸と縦軸の年平均気温と年降水量に，数値を記入しなさい。

(3) 森林のバイオームのうち，日本でみられるものを4つ，寒い地方から暖かい地方でみられる順に答えよ。

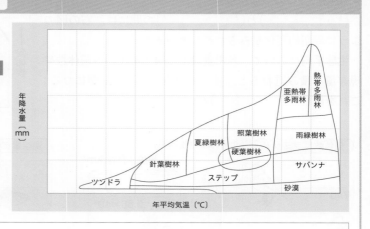

Exercise

1 次の森林に関する文章はどのような森林を説明したものか。下の語群より選び記号で答えよ。

ア．熱帯や亜熱帯の河口などにみられる，塩分に強いヒルギ科の樹木などでできた林。

イ．小型の硬い葉をつけ乾燥に強いオリーブやコルクガシなどの常緑広葉樹が優占する。

ウ．背の高い常緑広葉樹が多く，つる植物や着生植物なども生育している。

エ．冬季に落葉し夏季に葉を茂らせる落葉広葉樹が優占する森林。

オ．チークのような雨季に葉をつけ乾季に落葉する植物で構成される森林。

〔語群〕a．夏緑樹林　　b．雨緑樹林　　c．マングローブ林　　d．熱帯多雨林　　e．硬葉樹林

ア		イ		ウ		エ		オ	

2 次の植物は，どのバイオームでみられる植物か。線で結びなさい。

【植物】　　ブナ　　　　スダジイ　　　エゾマツ　　　ガジュマル
　　　　　　　・　　　　　　・　　　　　　・　　　　　　・

　　　　　　　・　　　　　　・　　　　　　・　　　　　　・
【バイオーム】　針葉樹林　　　夏緑樹林　　　照葉樹林　　　亜熱帯多雨林

4章　生物の多様性と生態系

65

26 生態系と生物の多様性

🎓 重要事項マスター

▶ 生物の多様性

一定の地域に生息する生物種の多様さを(^{1}　　　　　　　)という。一般に，環境が複雑であると，より多くの種類の生物が生息できるため，(^{1}　　　　　　　)も高くなる。

右の例では，二次林の(^{1}　　　　　　)が最も高いといえる。

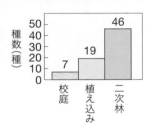

▶ 生物どうしのつながり

(^{1}　　　　　)と(^{2}　　　　　)の間には，右の図のように周期的変化がみられることがある。

生態系内において，各栄養段階に属する生物の個体数や現存量を積み重ねると，多くの場合ピラミッド型になる。これを(^{3}　　　　　　)という。

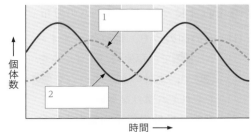

個体数
時間 ⟶

個体数ピラミッド（北米の草原生態系）

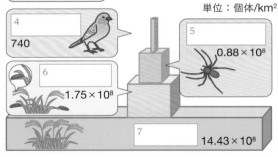

単位：個体/km²

4 ___ 740
5 ___ 0.88×10⁸
6 ___ 1.75×10⁸
7 ___ 14.43×10⁸

現存量ピラミッド（フロリダのシルバースプリング）

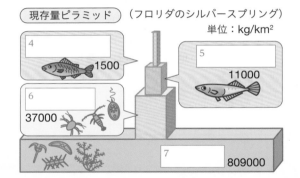

単位：kg/km²

4 ___ 1500
5 ___ 11000
6 ___ 37000
7 ___ 809000

▶ 間接効果とキーストーン種

直接，捕食・被食の関係になくても，食物連鎖を通して間接的に影響を与えることを，(^{1}　　　　　　)という。

生態系のバランスや多様性を保つのに重要な役割をはたす生物種を，(^{2}　　　　　　)という。

ヒトデがいるとき　　　　ヒトデがいないとき

上の図の場合，ヒトデが(^{2}　　　　　　)であるといえる。

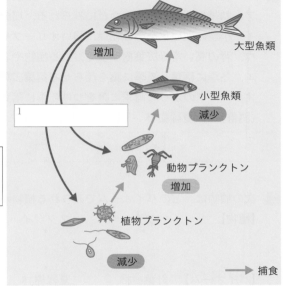

大型魚類
増加
小型魚類
減少
1 ___
動物プランクトン
増加
植物プランクトン
減少
⟶ 捕食

▶ 重要用語チェック

(1　　　　　　　)…生態系内における，生物の捕食・被食の関係による連続的なつながり。
(2　　　　　　　)…実際の自然界における，(1　　　　　　　)が網目状に複雑にからみあった関係。
(3　　　　　　　)…生産者・一次消費者・二次消費者などのそれぞれの段階。

Work　食物網

下の食物網の図中の白線部に，矢印を書きなさい。

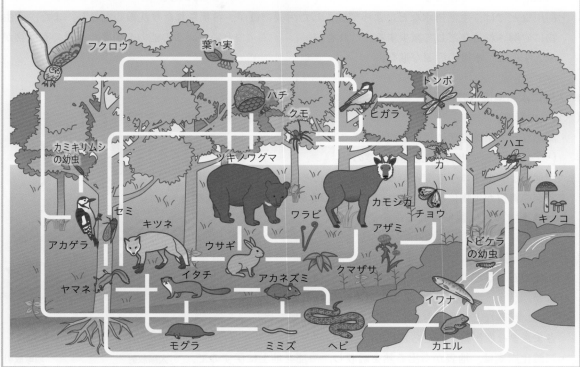

Exercise

1 右の図は，ある2つの地域における植物の種類と個体数を表している。なお，●や▲などのマークは，植物の種類を表す。地域Aと地域Bのうち，種の多様性が高いといえるのはどちらか。

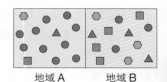

地域A　地域B

2 右の図のような食物連鎖が存在しているとする。大型魚類が増加した場合，小型魚類，動物プランクトン，植物プランクトンの個体数は増加するか，減少するか。それぞれ答えよ。

小型魚類	動物プランクトン	植物プランクトン

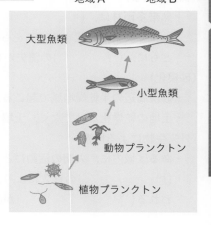

大型魚類

小型魚類

動物プランクトン

植物プランクトン

27 生態系のバランスと保全

🎓 重要事項マスター

▶ 生態系のバランス

- ・外部からの力により、生態系やその一部が急激に変化させられることを、(^{1}　　　　　　)という。
- ・人間活動によって起こる(^{1}　　　　　)を、(^{2}　　　　　　　)という。
- ・河川などでは、生活排水などによって流入した汚濁物質が、希釈されたり沈殿したりし、また、微生物に分解されるなどして減少する。これを(^{3}　　　　　　)という。この能力を超えた多量の有機物が流入すると、水質の汚濁が進む。

▶ 人間による環境への影響

〈水質への影響〉

- ・湖沼などで栄養塩類の濃度が高くなることを(^{1}　　　　　　)という。急速に過度の(^{1}　　　　　　)が進むと、アオコや赤潮といった現象が起こる。
- ・特定の物質が生物にとり込まれ、まわりの環境より高い濃度で体内に蓄積される現象を(^{2}　　　　　)という。

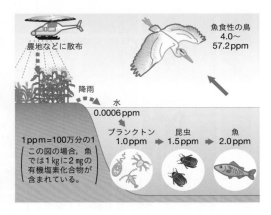

〈大気への影響〉

- ・石炭や石油などの化石燃料を燃やすと、二酸化炭素のほか、(^{3}　　　　　)を起こす窒素酸化物や硫黄酸化物、粉塵などが排出される。これにより、生態系にさまざまな悪影響がもたらされている。
- ・二酸化炭素は、地表から出る熱を吸収し、一部を地上に戻すので、気温を上昇させる。この働きを(^{4}　　　　　)という。二酸化炭素などの(^{4}　　　　　)をもつ気体を(^{5}　　　　　　)という。これらのガスの大気中の濃度が上昇することで、(^{6}　　　　　)が起こると考えられている。
- ・空気中の窒素酸化物や硫黄酸化物が雨中にとり込まれ、(^{7}　　　　　)となる。

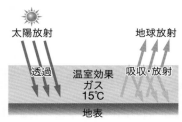

温室効果ガスがある場合

〈森林の破壊〉

- ・熱帯多雨林は、(^{8}　　　　　)の供給源として役割や、光合成による(^{9}　　　　　)の吸収によって炭素を貯蔵する役割をもつ。森林を破壊するとそこに生息する多くの生物の絶滅につながるとともに、(^{10}　　　　)の流失が起こりやすくなり、森林の再生は困難になる。

〈砂漠化〉

- ・砂漠周辺の半乾燥地域で起こる、植物が生育できないほどの土壌の荒廃を(^{11}　　　　　)という。
- ・土地の乾燥化だけでなく、土壌の(^{12}　　　　　)や(^{13}　　　　　)、自然植生の減少をもたらす。

〈外来生物による影響〉

- ・ある区域内に、人間の活動にともなって、外から移入され定着した生物を(^{14}　　　　　)という。
- ・(^{14}　　　　　)の移入により、近縁の在来生物との交雑でその区域に固有な種の遺伝的な特性が失われる(^{15}　　　　　)が起こったり、あるいは種が絶滅したりすることもある。

▶ 生態系の保全の重要性

- 人間が生態系から受けているさまざまな恩恵を(^{1}　　　　　　　)という。
- 人間による生態系の破壊や乱獲などが原因となり，絶滅が心配される生物種を(^{2}　　　　　　　)という。生物多様性保全のために，(^{2}　　　　　　　)を絶滅の危険度に応じてランクづけした(^{3}　　　　　　　)が作成され，生物多様性条約が採択されている。
- 環境保全のために，開発の際は，(^{4}　　　　　　　)（環境アセスメント）を行う必要がある。

 Reference　　日本の外来生物と絶滅危惧種

日本の特定外来生物	日本の絶滅危惧種

オオクチバス　　オオキンケイギク　　メダカ　　サクラソウ　　マツタケ

 Work　　生物濃縮

DDTは体内で分解されにくく，体内から排出されにくいため蓄積される。図の中の生物それぞれのDDT濃度は，水中のDDT濃度の何倍だろう。図の（　　）内に数値を入れてみよう。

水中 0.00005 → プランクトン0.04 ①（　　）倍 → イワシ 0.23 ②（　　）倍 → ダツ 2.07 ③（　　）倍 → ゴイサギ 3.57 ④（　　）倍

数値の単位はppm。ppmは100万分の1（10^{-6}）を表す。

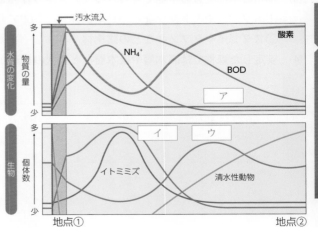

🔍 Exercise

1　右の図は，有機物を多く含む汚水流入による，川の流れにしたがった水質の変化と生物の個体数の変化をグラフに示したものである。

(1) 図中の空欄に当てはまる語句を，以下の中から選び，記入せよ。

酸素　　浮遊物質　　藻類　　細菌類

(2) 図中の地点①と地点②のうち，水中の有機物の量が少ないのはどちらか。

(1)	ア		イ	
	ウ		(2)	

章末問題

1 光合成と植物の生活 図は光の強さと光合成速度の関係を示している。以下の問いに答えよ。

(1) AとBの光の強さをそれぞれ何というか。

(2) 図の①〜③はそれぞれ何を表しているか。

(3) 図のグラフはある陽生植物についてのものである。陰生植物を材料にした場合，A点はこのグラフよりも弱光側になるか，強光側になるか。

(4) B点の状態にあるとき，これ以上光合成速度を上げるにはどのような条件をかえると速度が上がる可能性があるか。2つあげよ。

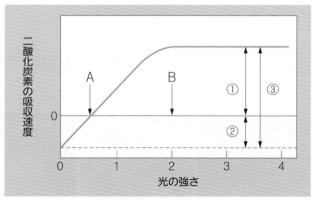

(1)	A		B		(2)	①		②	
③		(3)			(4)				

2 遷移と極相 次の文章を読み，以下の問いに答えよ。

火山の噴火や地殻の変動などによりできた裸地に，植物が侵入して植生が形成される過程を（ ア ）という。最初の環境が乾燥した土地である場合を（ イ ）というのに対し，湖沼から始まる場合を（ ウ ）という。（ ウ ）の場合，湖沼は生物の遺体や土砂が堆積して湿原となり，やがて乾燥して草原となって，（ イ ）と同じ経過をたどる。

また，火山噴火による溶岩大地のような環境からはじまる（ ア ）を（ エ ）というのに対し，山火事や森林の伐採などからはじまる（ ア ）を（ オ ）という。両者の違いは以前の（ カ ）が残っているかどうかであり，森林が復元されるまでの年月に大きな差がある。

(1) 空欄に適切な語を入れよ。

(2) （ ア ）が最後に行きつき，それ以上進まないようにみえる状態を何というか。

(3) 本州の中部地方の平地で見られる(2)の状態の森林を，以下の①〜③のうちから1つ選び番号で答えよ。
①エゾマツやトドマツなどの針葉樹林　②アカマツやコナラなどの陽樹林
③スダジイやタブノキなどの陰樹林

(4) 安定した森林では高木層や低木層など層状の構造がみられる。これを何というか。

(1)	ア		イ		ウ	
	エ		オ		カ	
(2)			(3)		(4)	

3 世界のバイオーム　下の表は，陸上のバイオームを分類したもので，図は，ある2つの環境要因と陸上のバイオームの分布の関係を示したものである。以下の問いに答えよ。

	バイオーム	分布地域	優占種の生活形	代表的な植物
森林	熱帯多雨林	一年中気温が高い熱帯	H	アコウ・ガジュマル
	亜熱帯多雨林	熱帯よりやや気温が低い亜熱帯	I	O
	雨緑樹林	A	乾季に落葉する高木	P
	硬葉樹林	B	硬葉の常緑広葉樹	Q
	照葉樹林	多雨の暖温帯	J	R
	夏緑樹林	C	K	ブナ科・カエデ類
	針葉樹林	D	常緑の針葉樹林	S
草原	ステップ	E	草本のイネ科植物	ハネガヤ
	サバンナ	F	L	シバムギ・アカシヤ
荒原	砂漠	降水量が極端に少ない	M	T
	ツンドラ	G	N	U

(1) 図の縦軸と横軸はそれぞれ何を示しているか。

(2) 図のa，b，cのバイオームは，どのバイオームか。表中からバイオームの名称を選んで答えよ。

(3) 表の空欄にあうものを下の解答群から選んで記号で答えよ。

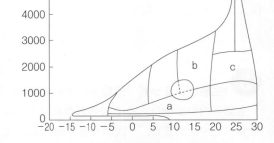

《分布地域の解答群》
　　ア：気温が極端に低い寒帯
　　イ：夏に乾燥する暖温帯　　ウ：亜寒帯　　エ：多雨の冷温帯　　オ：熱帯・亜熱帯の乾燥地帯
　　カ：温帯の雨量の少ない地域　　キ：雨季と乾季がある熱帯・亜熱帯

《優占種の生活形の解答群》
　　あ：常緑広葉樹・つる植物・着生植物　　い：低木・コケ植物・地衣類
　　う：常緑広葉樹・マングローブ林　　え：多肉植物・一年生草本
　　お：冬季に落葉する落葉広葉樹　　か：葉につやのある常緑広葉樹
　　き：イネ科植物と低木

《代表的な植物の解答群》
　　①：トナカイゴケ　　②：オリーブ・コルクガシ　　③：トウヒ類・モミ類　　④：サボテン類
　　⑤：シイ類・カシ類・クスノキ科　　⑥：オヒルギ・ヘゴ　　⑦：チーク

(1) 縦軸				横軸		
(2) a		b			c	
(3) A	B	C	D	E	F	G
H	I	J	K	L	M	N
O	P	Q	R	S	T	U

④ 日本のバイオーム

図は，日本の緯度に伴うバイオームの分布を模式的に示したものである。次の問いに答えよ。

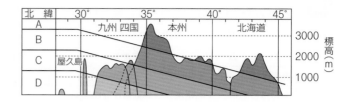

(1) 日本は南北に細長く，緯度に伴ってバイオームが変化する。このような分布を何というか。

(2) A ～ D の区分の名称を答えよ。

(3) B，C，D に発達する森林の名称を答えよ。

(4) 次に示す植物は，A ～ D の区分のうち，どこの優占種となるか。A ～ D の記号で答えよ。
    ①ブナ　　②シラビソ　　③タブノキ

(5) A と B のあいだの，樹木が大きく生育できなくなる境目を何というか。

(1)				
(2) A		B	C	D
(3) B		C		D
(4) ①	②	③	(5)	

⑤ 生態ピラミッド

生態系内での生物間の関係に関する次の文章を読み，下の問いに答えよ。

生態系内の生物は，その栄養分の取り方によって，無機物を材料に（　ア　）を生産する生産者，生産者を食べる一次消費者，一次消費者を食べる二次消費者，二次消費者を食べる三次消費者などに分けられる。このように栄養分の取り方によって整理された各段階を（　イ　）といい，その量的関係を，生産者を一番下にして積み上げると下の図のようになる。この図を（　ウ　）とよび，生物の量を示す単位によっていくつかの種類がある。図1は，単位面積当たりの（　エ　）で示されており，図2は単位面積当たりの（　オ　）で示されている。

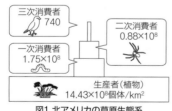

図1 北アメリカの草原生態系

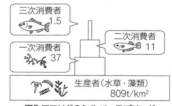

図2 フロリダのシルバースプリング

(1) 文中の（　）に入る適語を答えよ。

(2) 一次消費者に当てはまる生物を，次の中からすべて選べ。
    ①カエル　　②タンポポ　　③トンボ　　④チョウ　　⑤イタチ
    ⑥フクロウ　　⑦ヘビ　　⑧セミ

(3) 図2の生態系の場合，300 g の三次消費者が安定して生きていくためには，最低何 kg の生産者が必要であると考えられるか。

(1) ア		イ		ウ		エ		オ	
(2)		(3)							

環境への影響 生態系に関する次の文章を読み，下の問いに答えよ。

　深刻化する環境問題の1つに，もともとその地域に生息していなかった生物が移入されて定着し，古くからその地域に生息している生物種を駆逐してしまう問題がある。

　本来の生息場所から他の場所に移されて定着した生物を　ア　とよぶ。北アメリカ原産のオオクチバスはその例であり，日本各地の湖沼や河川に人為的にもち込まれて定着した。　ア　は植物にも見られる。北アメリカ原産の多年生草本であるセイタカアワダチソウは，園芸植物として日本に導入された。その後，セイタカアワダチソウは野生化し，日本各地に分布するようになった。セイタカアワダチソウは，二次遷移において木本植物が優占する前の段階に出現することが多い。

　これらの　ア　は，競争や捕食などの生物間の関係に影響を与えることで，生態系のバランスを変えてしまう可能性がある。

(1) 上の文章中の　ア　に入る最も適当な語を答えよ。

(2) 文章中の下線部に関する記述として最も適当なものを，次の①〜⑤のうちから1つ選べ。

　①土壌形成が進んでいないため，この段階では土壌中の栄養分は少ない。

　②放棄された農地では，この段階を経ずに遷移が進行するため，極相に至るまでの時間が短い。

　③木本植物がこの段階の後で侵入するのは，光の少ない環境を必要とするためである。

　④一次遷移においてこれに相当する段階が見られるようになるには，二次遷移の場合よりも長い時間が必要である。

　⑤セイタカアワダチソウの野生化以前には，二次遷移にこの段階は存在しなかった。

(1)		(2)	

水質への影響 生態系内での化学物質汚染に関する次の文章を読み，下の問いに答えよ。

　海水と，そこに生息する生物の体内のPCB濃度を調べたところ，右表のような結果となった。PCBのように，自然界に存在せず，生物によって　ア　物質は，生態系で　イ　の過程を通じて　ウ　される。この現象を　エ　という。

海水および生物	PCB濃度 (mg/トン)
海水	0.00028
プランクトン	48
イワシ	68
イルカ	3700

(1) 　ア　に入る語句として最も適当なものを，次の①〜④のうちから1つ選べ。

　①吸収されにくい　　　②分解されにくい　　　③合成されやすい　　　④排出されやすい

(2) 　イ　〜　エ　に入る語句として最も適当なものを，次の①〜⑩のうちからそれぞれ1つ選べ。

　①希釈　　　　②浄化　　　　③自然浄化　　　④拡散　　　⑤濃縮
　⑥生物濃縮　　⑦食物連鎖　　⑧生態系　　　⑨脱窒　　　⑩排出

(3) 　エ　の現象に関する記述として最も適当なものを次の①〜⑤のうちから2つ選べ。

　①イルカの体内のPCBも，やがては薄められて海水中に排出される。

　②高次消費者ほど寿命が長いので，蓄積される濃度が高くなる。

　③高次消費者ほどPCB濃度の高い食物を摂取するので，蓄積する濃度が高くなる。

　④高次消費者に移るときのPCBの濃度上昇の割合は，ほぼ一定である。

　⑤高次消費者に移るときのPCBの濃度上昇の割合は，栄養段階が上がるほど高くなる。

(1)		(2) イ		ウ		エ		(3)		

▶ 脊椎動物の分類(p.5)

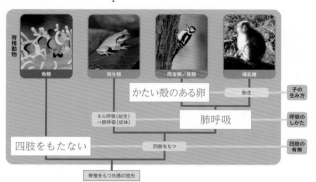

かたい殻のある卵 ── 胎生 ── 子の生み方

肺呼吸 ── 呼吸のしかた

えら呼吸(幼生)→肺呼吸(成体)

四肢をもたない ── 四肢をもつ ── 四肢の有無

脊椎をもつ共通の祖先

▶ 細胞の基本構造(p.7)

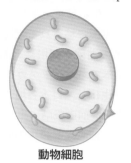
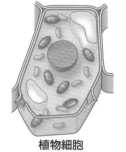

動物細胞　　**植物細胞**

A　ミトコンドリア　　B　葉緑体　　C　核

▶ 細胞内構造の比較(p.9)

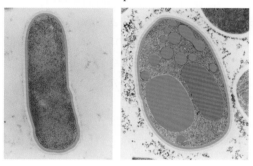

細胞内構造	真核細胞			原核細胞
	動物	植物	菌類	細菌
核	○	○	○	×
DNA	○	○	○	○
細胞膜	○	○	○	○
細胞壁	×	○	○	○
葉緑体	×	○	×	×
液胞	○	○	○	×
ミトコンドリア	○	○	○	×

▶ 代謝とエネルギーの出入り(p.11)

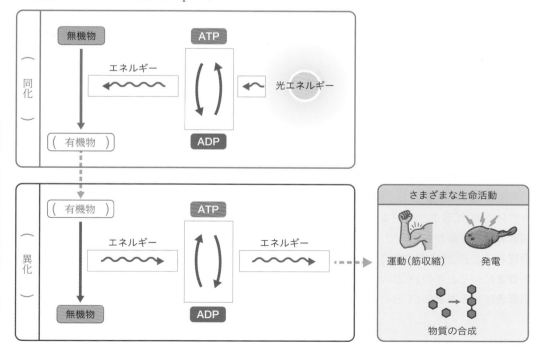

同化

無機物　　ATP

エネルギー　　光エネルギー

(有機物)　　ADP

異化

(有機物)　　ATP

エネルギー　　エネルギー

無機物　　ADP

さまざまな生命活動

運動(筋収縮)　　発電

物質の合成

▶ **消化酵素**（p.13）

基質	酵素1	分解産物1	酵素2	分解産物2
デンプン	リパーゼ	ポリペプチド	マルターゼ	アミノ酸
脂肪	ペプシン／トリプシン	マルトース	ペプチダーゼ	グルコース
セルロース	アミラーゼ	グルコース		
タンパク質	セルラーゼ／グルコシダーゼ	脂肪酸／モノグリセリド		

▶ **代謝と物質・エネルギー**（p.15）

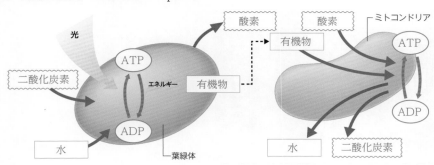

▶ **DNAの構造**（p.21）

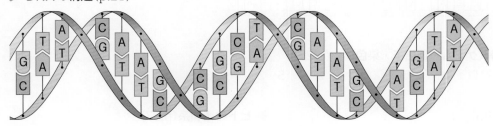

▶ **DNAの複製と核内のDNA量の変化**（p.23）

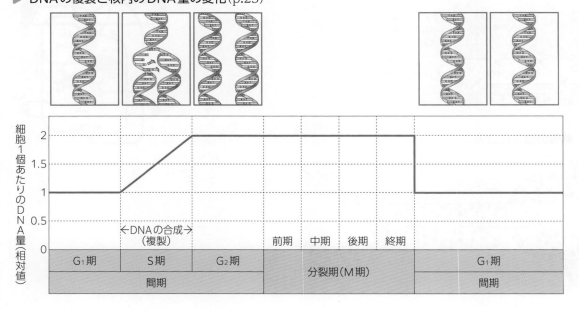

▶ 遺伝子とタンパク質（鎌状赤血球貧血症）（p.25）

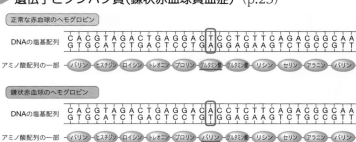

正常な赤血球のヘモグロビン

DNAの塩基配列
C A C G T A G A C T G A G G A C T C C T C T T C A G A C G G C A A
G T G C A T C T G A C T C C T G A G G A G A A G T C T G C C G T T

アミノ酸配列の一部 — バリン — ヒスチジン — ロイシン — トレオニン — プロリン — グルタミン酸 — グルタミン酸 — リシン — セリン — アラニン — バリン —

鎌状赤血球のヘモグロビン

DNAの塩基配列
C A C G T A G A C T G A G G A C A C C T C T T C A G A C G G C A A
G T G C A T C T G A C T C C T G T G G A G A A G T C T G C C G T T

アミノ酸配列の一部 — バリン — ヒスチジン — ロイシン — トレオニン — プロリン — バリン — グルタミン酸 — リシン — セリン — アラニン — バリン —

▶ 転写と翻訳の過程（p.27）

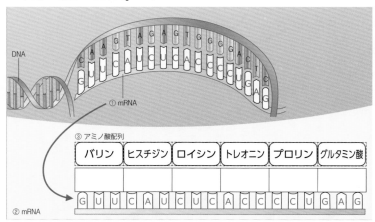

DNA

① mRNA

③ アミノ酸配列

バリン	ヒスチジン	ロイシン	トレオニン	プロリン	グルタミン酸

② mRNA
G U U C A U C U C A C C C U G A G

▶ ヒトの遺伝情報（ゲノム・遺伝子・染色体）（p.29）

1 精子　　2 30億　　3 2万2000　　4 23　　5 2　　6 60億　　7 46

▶ 体液と血球（p.35）

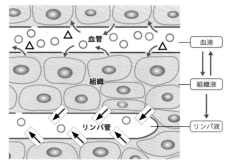

血管
組織
リンパ管

血液
組織液
リンパ液

▶ ヒトの循環系（p.37）

1 肺循環
2 体循環
3 鎖骨下静脈

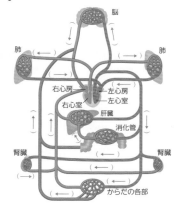

脳
肺　　肺
右心房　左心房
右心室　左心室
肝臓
消化管
腎臓　　腎臓
からだの各部

③ タンパク質
④ グルコース

▶ 腎臓の働き（p.39）

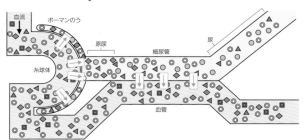

血流
ボーマンのう
原尿
細尿管
尿
糸球体
血管

▶ ヒトの自律神経系(p.41)

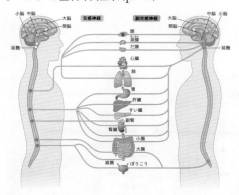

▶ ヒトの内分泌系(p.43)

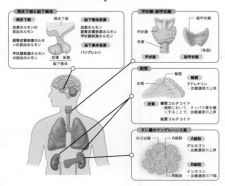

▶ 食事前後の血糖量とホルモンの分泌(p.45)

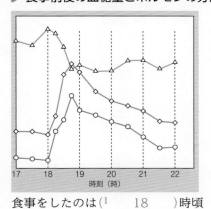

食事をしたのは(^{1} 18)時頃

▶ ヒトの免疫に関係する組織・器官(p.47)

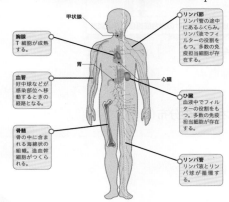

▶ 物理的防御と食作用(p.49)

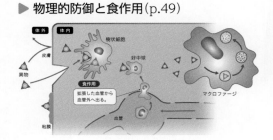

▶ 二次応答(p.51)

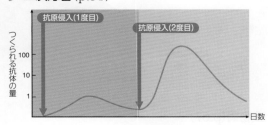

▶ ABO式血液型(p.53)

血液型	A型	B型	AB型	O型
凝集原 (赤血球の表面)	凝集原A 赤血球	凝集原B	B A	なし
凝集素 (血清中)	β	α	なし	α β

		輸血する人			
		A型(凝集素β)	B型(凝集素α)	AB型(凝集素なし)	O型(凝集素α・β)
血液提供者	A型(凝集原A)	○	×	○	×
	B型(凝集原B)	×	○	○	×
	AB型(凝集原A・B)	×	×	○	×
	O型(凝集原なし)	○	○	○	○

▶ 植生（p.59）

A 草原　　B 荒原　　C 森林

▶ 光の強さと光合成（p.61）

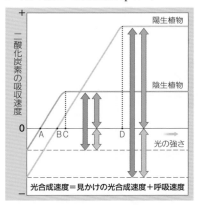

(1) 光合成速度　　(2) 呼吸速度
(3) 光補償点　　(4) 光飽和点

▶ 植生の遷移（p.63）

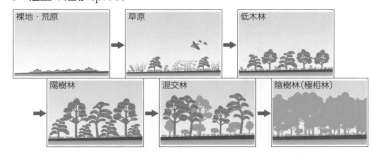

▶ バイオームの分布（p.65）

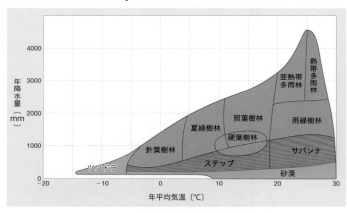

(3) 針葉樹林
　　夏緑樹林
　　照葉樹林
　　亜熱帯多雨林

▶ 食物網（p.67）

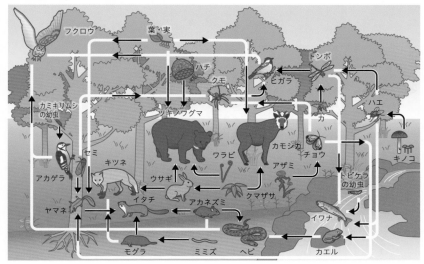

▶ 生物濃縮（p.63）

① 800
② 5.75
③ 9
④ 1.72

Work　脊椎動物の分類（p.5）

Work　DNAの複製と核内のDNA量の変化（p.23）

 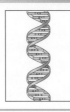 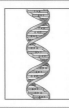 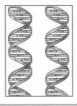 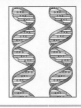 

Work　転写と翻訳の過程（p.27）

tRNA

tRNA	tRNA	tRNA	tRNA	tRNA	tRNA
バリン	セリン	ロイシン	グルタミン酸	アルギニン	トレオニン
C A A	A G U	G A G	C U C	C G C	U G G

tRNA	tRNA	tRNA	tRNA	tRNA	tRNA
メチオニン	ヒスチジン	グリシン	プロリン	グルタミン	アラニン
U A C	G U A	C C C	G G A	G U U	C G A

アミノ酸

バリン	セリン	ロイシン	グルタミン酸	アルギニン	トレオニン
メチオニン	ヒスチジン	グリシン	プロリン	グルタミン	アラニン

Work　植生の遷移（p.63）

高校生物基礎カラーノート　解答編

実教出版

中学生の復習（p.2）

●重要事項マスター
▶生物の分類

1　分類　　2　脊椎　　3　節足　　4　被子

▶植物のからだのつくりとはたらき

1　根毛　　2　道管　　3　師管　　4　維管束
5　気孔

▶遺伝と遺伝子

1　形質　　2　遺伝　　3　細胞分裂
4　染色体　　5　遺伝子　　6　DNA
7　生殖　　8　配偶子　　9　減数分裂
10　体細胞分裂

▶光学顕微鏡の各部の名称と働き

1　接眼レンズ　　2　鏡筒　　3　レボルバー
4　対物レンズ　　5　クリップ　　6　ステージ
7　しぼり　　8　調節ねじ

▶光学顕微鏡の操作手順

1　日光　　2　低　　3　ステージ
4　クリップ　　5　調節ねじ　　6　対物レンズ
7　近づ　　8　接眼レンズ　　9　遠ざ
10　しぼり　　11　レボルバー　　12　高

1章　生物の特徴

1 生物の多様性・共通性と進化（p.4）

●重要事項マスター
▶多種多様な生物

1　多様

▶すべての生物の共通性

1　細胞　　2　エネルギー　　3　DNA
4　種

▶多様な生物とその分類

1　分類　　2　脊椎　　3　種　　4　昆虫

▶生物の進化と共通性・多様性

1　進化　　2　多様　　3　系統　　4　系統樹

▶重要用語チェック

1　細胞　　2　種　　3　進化

●Work　（本体巻末解答例を参照）
●Exercise

1　(1)　×　　(2)　×　　(3)　○　　(4)　○
(5)　×　　(6)　○

解説　(5)　光合成を行うのは，植物と原生生物の
　　一部，原核生物の一部に限られる。

2　(1)　×　　(2)　×　　(3)　×　　(4)　○

解説　(1)　200万種以上の生物が現生している。
　(2)　生物分類の基本単位は種である。
　(3)　進化によって，生物は共通性を保ちながら
　　多様化していった。

2 細胞①（p.6）

●重要事項マスター
▶さまざまな細胞

1　細胞膜　　2　DNA　　3　小さい
4　大きい　　5　座骨神経　　6　顕微鏡
7　μm　　8　nm

▶細胞の構造

1　細胞質　　2　DNA　　3　核　　4　細胞膜
5　細胞壁　　6　細胞小器官　　7　細胞質基質
8　ミトコンドリア　　9　液胞　　10　葉緑体

▶重要用語チェック

1　細胞小器官　　2　細胞質　　3　細胞質基質

●Work　（本体巻末解答例を参照）
●Exercise

1　(1)　×　　(2)　×　　(3)　×　　(4)　×
(5)　○

解説　(1)　細胞質基質という。
　(2)　核は細胞質に含まれず，細胞膜は細胞質に
　　含まれる。
　(3)　核は大きくならない。
　(4)　クロロフィルをもち光合成の場となるのは
　　葉緑体。

1